U0183933

中国科普大奖图书典藏书系

宇宙索奇·行星

张明昌 著

中国盲文出版社

湖北科学技术出版社

图书在版编目（CIP）数据

宇宙索奇：大字版. 行星 / 张明昌著. —北京：中国盲文出版社，
2020.3

（中国科普大奖图书典藏书系）

ISBN 978-7-5002-9540-2

Ⅰ.①宇… Ⅱ.①张… Ⅲ.①宇宙—普及读物 Ⅳ.①P159-49

中国版本图书馆 CIP 数据核字（2020）第 024448 号

宇宙索奇·行星

著　　者：张明昌
责任编辑：贺世民
出版发行：中国盲文出版社
社　　址：北京市西城区太平街甲 6 号
邮政编码：100050
印　　刷：东港股份有限公司
经　　销：新华书店
开　　本：787×1092 1/16
字　　数：197 千字
印　　张：20.5
版　　次：2020 年 3 月第 1 版 2020 年 3 月第 1 次印刷
书　　号：ISBN 978-7-5002-9540-2/P·79
定　　价：55.00 元
编辑热线：（010）83190266
销售服务热线：（010）83190297 83190289 83190292

目 录
CONTENTS

行星篇

├─ 我们脚下的星——地球

无论在中国还是外国，古人很早就注意到，在满天星斗中，有那么五颗星不同凡响，不仅相当明亮，而且总在群星中穿梭游弋，路径非常奇特，所以西方人称其为"流浪者"，中国人则呼之为"惑星"——现在统称为行星。现在确知，在我们的太阳系中有八大行星。它们分别是：水星（☿）、金星（♀）、地球（⊕或♁）、火星（♂）、木星（♃）、土星（♄）、天王星（♅或♅）、海王星（♆或♆）。在哥白尼以前，充斥人们头脑的是经过教会改造的托勒密

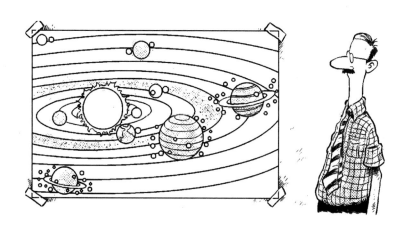

的地心体系：地球是宇宙之尊、上帝的宠儿，太阳带着其他行星都在绕地球转动……

1543 年，波兰天文学家哥白尼经过毕生研究才从根本上改变了这种观点。原来，太阳是行星的"长辈"，地球仅是众多行星之一，它们都在绕太阳转动。

两千年前的绝妙奇思

我们脚下踏着坚实的大地，古人认为它是一个硕大无朋的平面，"地平面"之说由此而来。我国很早就有"天圆似张盖，地方如棋局"之说。但古代也不乏有真知灼见的人才。早在公元前 6 世纪，古希腊的毕达哥拉斯从和谐、完美的思辨概念出发，认为地球应当是球形的。

从月食时落在月面上的影子呈弧形证明大地是圆的！

亚里士多德

但为什么这个球面像平面呢？亚里士多德认为这是因为地球太大了。至于大到什么程度，却从无人回答。

公元前 3 世纪，亚历山大城图书馆馆长、天文学家埃拉托色尼开始研究这个难题。当时他有机会常常来往于亚历山大和塞恩（今埃及阿斯旺城）之间。他发现，塞恩城的太阳高度与亚历山大不太一样，特别是夏至这一天，在塞恩城，中午的太阳正好在头顶上，地上竟没有什么影子，阳光可笔直照到水井的底部，但是在亚历山大，夏至日中午的太阳却在头顶之南。他巧妙地测出太阳的天顶距（离开天顶的角度）为圆周角的 1/50。他断定，这是由地面的弯曲造成的。所以这个角度也就是两城的纬度之差。当时他从专在两城间往返的商队中得知，亚历山大与塞恩之间相距 5000 埃及希腊里，这样就不难算出地球一圈的周长即为（5000×50）250000 埃及希腊里，由此算得地球的半径约为 40000 埃及希腊里（当时 π 值还不准确）。

1 埃及希腊里有多长，至今还未有定论，一般认为在 0.155～0.183 千米之间。这样，埃拉托色尼实际上测到了地球的半径值为 6200～7300 千米。也有人认为，1 埃及希腊里的值为 0.1548 千米，这样得到的地球半径为 6302 千米。应当说，这在当时是一个十分了不起的结果。

埃拉托色尼的结果证实了亚里士多德的观点，但是地球是球形的观点当时未能为人们普遍接受。在他以后 100 年左右，另一位希腊天文学家波西多留斯重复这个测量时却得出了完全不同的结果，他算出的地球周长只有 28530 千米，比实际值小了 1/4 左右。而且，大地是球形的这个结论也为教会所不容。当时的神学家公然宣称："在基督之后，我们不需要任何求知欲，也不再需要任何研究。"教士们根据《圣经》故事的描述，认为天地是毗连在一起的，天穹如一个透明的半球倒扣在平直的大地上，所有天体都在天穹上运行不息，主宰世界的上帝高居于天上，而大地之下则是罪恶灵魂的归宿——那些亵渎神灵的罪人受煎熬的地狱所在。亚里士多德、埃拉托色尼认为大地是球形的观点有悖于地狱、天堂之说，当然为教会所不容。尤其在中世纪里，亚里士多德的地球形状的观点，包括他的著作，都被列为异端邪说。1029年时，教会还大规模查禁了亚里士多德的著作。1030年，巴黎的教廷曾一下子把10个"亵渎神灵、冥顽不化"的青年学生送上了火刑架。直到14世纪，意大利还有一位名叫契科·达斯科里的学者也难逃厄运，教廷把他烧死仅是因为他相信大地是球形的，另一面上也有人类居住着。

在教会势力的高压下，人们不得不"忘记"关于地球的形状和大小的知识。

唐代高僧的壮举

在我国古代封建社会中，皇帝是九五之尊，只要他一高兴，就会把大批金银财宝和封地赏赐给大臣。金银财宝可以称量，但几百、上千里的土地是怎么划分的呢？显然，这是无法用普通的尺子去丈量的。

大地上的远距离测量，以往总是根据我国自古相传的一种传统说法——"损益寸千里"来计算的。即用8尺高的"圭表"（类似竹竿的标杆）测量夏至日中午圭的影长，如果某两处地方的圭影长相差1寸，则两地间相隔的距离为1000里。这种传说曾有不少人表示过怀疑，但一直无人证实其真伪。

公元 8 世纪，我国正值盛唐时期，当时在华严寺内有位高僧叫一行。一行是一个在天文、数学方面都有很深造诣的科学家。他原名张遂，出身世家，只是为逃避武则天侄子武三思的笼络才不得已削发为僧，并改名为敬贤，法号"一行"。

开元五年（717 年），唐玄宗几次下诏，并派专人去接他，他才勉为其难接受了改制历法的任务。古代制历少不了测量日影长短，所以一行下决心先解决古老的"损益寸千里"难题，他的办法就是进行实际的科学测量。

从开元十二年（724 年）四月廿三日起，在一行的组织领导下，一次大规模的天文大地测量开始了。测量选取了 12 个测量点，分布于全国各地，一行则坐镇长安（今西安市）以掌握全局，进行技术指导和资料的归算。他最后推算出："大率五百二十六里二百七十步而北极（出地）差一度半，三百五十一里八十步而差一度。"

唐朝时，5 尺为一步，300 步为一里，而唐尺约长 0.247 米，转化成现代的结果是 $1°$ 子午线的长度相当于 132.03 千米。虽然这个值比今值（111.2 千米）大 19%，但一行这一次测量活动被中外科学界公认为是"科学史上划时代的创举"，是"世界上第一次实测子午线的长度"，它还为大地测量学开创了新纪元，因而有很重要的意义。

一行之后大约一个世纪，阿拉伯的统治者马蒙于 814 — 827 年间，在幼发拉底河区域进行了类似的测量工作，得到了比一行稍好的结果。

1619 — 1670 年，法国天文学家用现代仪器进行了这种三角测量工作，得到了地球的半径约 6372 千米的比较准确的结果。

终于回到了出发地

尽管天文学家绞尽脑汁、辛辛苦苦去测量地球的周长或半径，可是在很长的历史时期内，人们仍无法接受地球是球形的观点。

真正使人放弃陈旧观点的乃是麦哲伦船队的环球航行。1522 年 9 月初，当 18 名幸存者驾驶着千疮百孔的一条破船回到西班牙的塞维利亚港码头时，全世界都轰动了。3 年多的时间、二百多条性命（包括麦哲伦本人）和 4 条大船的代价，无可辩驳地证明了地球确是一个球体。否则，他们"一往无前"怎能回到故土呢？

麦哲伦的同行者得到了很高的荣誉，奖品之一是一架精美的地球仪，地球仪上刻着一行富有诗意和哲理的题字："你首先拥抱了我。"

现在我们知道，地球可以看作半径为 6378 千米的圆球。尽管地球表面上有高山峻岭，洋底下有万丈深沟，但与这巨大的半径相比算得了什么呢！谁都知道，地球上的最高峰是我国的珠穆朗玛峰，海拔为 8844.43 米，而海底下最深的是太平洋中的马里亚纳海沟，深约 11000 米，然而与 6378 千米相比，就好像篮球上有一个凸起 0.3 毫米的

疤痕和一道 0.4 毫米深的划痕而已，谁也不会因为有这两个微瑕而否认篮球是圆的。从登月宇航员在月面上和在返回地球途中拍的地球照片来看，谁还会否认地球是圆的呢？

地球的内部是怎样的世界？古人由于缺少现代科学知识，想象出了阴森可怕的阴曹地府和十八层地狱，这当然是荒诞的。但情况究竟如何，人们至今仍是不太明了。100多年前，科幻小说作家儒勒·凡尔纳把地球比作一团硕大无朋的奶酪，里面布满了弯弯曲曲的坑道和大大小小的洞穴。在他的《地心旅行记》中，他讲了一位教授与其侄儿从一个火山口进入到地心区域的故事，这一老一少在地球内部的旅行中遇见许多奇兽怪物，穿越过密密层层的蘑菇森林，漂泊在地下的大海，还发现了人类始祖的累累白骨……最后是一次火山爆发，把叔侄俩喷出地壳，落在意大利的一个岛屿上，结束了他们两个月的探险生涯。

可惜，凡尔纳描写的并不是事实。如今，了解地下情况的办法之一是钻洞。但钻洞并不容易，因为目前最深的洞不过 12 千米（苏联在北冰洋科拉半岛上钻的深洞）。到 20 世纪末，德国科学家或许可以在上法耳沃深入地表

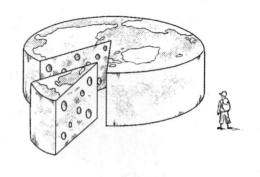

之下 14 千米。但这与 6378 千米相比，只好比蚊子在大象肚皮上叮了一口而已。以此来推论地球内部情形显然是不可信的。

　　另一个可靠的探测方法是借助地震波。天然的地震及人为的地震都能产生地震波。地震波在地球内部的传播情况取决于物质的性质。所以反过来可以从它的传播情况来推知地球内部的组成和结构。现在一般认为，地球内部大致可分成三层：地壳、地幔和地核，而每层间都是不连续的，彼此之间有个间断面。

　　地壳是地球的表面，相当于人的皮肤。大陆上的地壳厚度平均厚为 35 千米，海洋底的地壳平均厚为 5～10 千米。在地表 100 米以下，地壳的温度似乎就与太阳无关了。随着深度每增加 100 米，温度可升高 3℃。到地壳深层，温度增加的速度变慢。地壳最深处的温度一般不会超过 1000℃。虽然地壳的体积仅占地球重量的 1%，质量占比更小，只占 0.4%，但对于人类而言，地壳却是至关重要的。它阻隔了地球内部的高温，为人类和生物界提供了合适的生态环境，还无偿地为人们贡献了无尽的矿产和宝藏。

地壳向下即是地幔。地幔是地球的主要部分，它的厚度约为 2860 千米，其体积和质量分别占地球的 83% 及 68.1%。由于地幔的温度和压力很高，所以它的下部（下地幔）可能呈流体状态。

地球最内部的区域称地核。地核主要是由铁、镍等较重的元素组成的。一般认为，地核上部（外地核）也呈液态，但最中心的内核（内地核）却是固态的。这是因为那儿的压力可能超过 370 万大气压——相当于一个像乒乓球那样大小的表面积上要承受 57 万吨的巨大压力。在这样骇人的压力下，物质的熔点已经升得极高。所以，尽管那儿温度可能高达 6000℃，但物质仍呈硬邦邦的固态。地核在极大的压力下，密度也高达 13 克/厘米^3，比铅还大，比地球的平均密度大 1.3 倍。

橘子与甜瓜之争

1672 年，法国科学院委派天文学家里希尔去赤道观测，以补充人类对南天星空的知识。除了一些天文仪器外，里希尔还带了一台走时精准的摆钟。他观测星空后进行归算，发现总有误差。毛病出在哪里？经过反复推敲、探查，他发现是那台钟在赤道"怠工"——它比原来走慢了，大约每天慢 2 分钟。但说来也奇怪，当里希尔返回巴黎后，这台钟又莫名其妙地恢复了它的准确性。

后来，又发生了一件怪事：一艘装载着 5000 吨鲱鱼的荷兰渔船，经过半个多月的航行，从鹿特丹来到了非洲一个近赤道的城市。在过磅时，人们发现鲱鱼少了 19 吨。这些鱼保管得很好，也未发现有人偷盗，怎么会少了呢？

后来人们才弄清楚，以上两件怪事，都是地球与人类开的玩笑。

我们通常讲"地球是个圆球"，严格地说这是有问题的。因为地球在很快地自转，赤道上的自转速度高达 465 米/秒。这比声音的传播速度还快得多。因此，牛顿认为，旋转物体产生的离心力，会使地球赤道处的半径稍大，两极处的半径稍小。他还算出南北极半径比赤道半径约小 1/230。于是他认为，地球应当是像橘子那样的旋转椭球体。正是由于这个原因，赤道地区的重力较小，所以摆钟走得慢，同样质量的物体重量会变轻。

消息传到法国，当时，法国天文学的掌旗人是乔·卡西尼的儿子雅·卡西尼。

乔·卡西尼是一个卓越的观测大师，但却是个蹩脚的理论家。他是最后一个拒不承认哥白尼学说的天文学家。他也不相信开普勒发现的行星运动定律，认为行星的轨道不是椭圆而是卵线形的。对于牛顿的万有引力，他更是极力反对。他的儿子小卡西尼当然相信父亲。他们在法国本土南、北两处进行了大地测量，测量得到的结论竟然是：地球的鼓出处不在赤道而在两极，说地球的形状不是像牛顿说的橘子，而是像长圆形的柠檬或者说像一个甜瓜。

但他们自知，仅在法国测量，说服力是不足的。因此，法国科学院决定进行全球性的大规模实际测量。

1735 年，法国科学家组成了三支测量队伍，一队远征到秘鲁北部近赤道的地方（南纬 2°处），一队北上到北极圈附近的拉普兰（北纬 66°处），还有一队留在法国本土，三支队伍同时测量地球的半径。这次大规模测量进行了 10 年时间，1844 年得到了戏剧性的结果——牛顿的结论是正确的，地球确实如橘子那样，两极地区的半径比赤道半径短十几千米。因此，著名作家伏尔泰（1694—1778）不无幽默地说："巴黎人以为地球像个甜瓜，可是在伦敦，甜瓜的两头被英国人削平了。"

地球椭圆的扁率是个重要的数据，因为它是测量的参考标准。确定地球椭圆的长半径（a）和短半径（b），是各国天文学家长期探索的任务。当然，也可用长半径 a 与扁率 $\varepsilon = \dfrac{a-b}{a}$ 来表示椭圆的扁度。

两个多世纪以来，科学家们前赴后继，进行了无数次测量，使地球半径数值日益精确。例如，1938 年苏联公布的参数是：赤道半径 $a = 6378.245$ 千米，极半径 $b = 6356.863$ 千米，扁率 $\varepsilon = \dfrac{1}{298.3}$。

人造卫星上天以后，空间大地测量登上了科学舞台。1967 年，国际大地测量协会公布了新的"1967 年大地系统"：它的 $a = 6378.160$ 千米，$\varepsilon = \dfrac{1}{298.25}$。

20 世纪 80 年代采用的值为 $a = 6378.140$ 千米，$b = 6356.755$ 千米，$\varepsilon = \dfrac{1}{298.257}$，两者相差 21.385 千米。如果仍以篮球比喻，则两极地区稍稍瘪下 0.8 毫米，这是一般人根本无法察觉的差别。

难以比喻的"地球体"

可能有人会说，既然地球的扁率这样小，"橘子""柠檬"之争岂非有些无聊？！

从我们日常生活来讲，这一点点差别确实不会有谁会去斤斤计较。但对科学而言，这却是丝毫马虎不得的。例如发射和回收人造地球卫星，因为各处地形不一，很可能就会差之毫厘，谬以千里……

事实上，把地球当作两极略为扁平的橘子还不够，因为如果用刀沿赤道切下去，你会发现切口也不是真正的圆，而仍是一个椭圆。不过，它的长半径和短半径相差更小了。

从精确测量可知，赤道面椭圆的扁率只有 $\dfrac{1}{30000}$。

所以地球的形状，大致可称为"三轴椭球体"。

当然这种讨论是撇开地球本身的起伏而言的，也就是说，这里讨论的地球是以理想的"大地水准面"即设想让全球为海水所淹没时的水面为表面。这个"海平面"的形状非常复杂，根本不是什么数学上的标准曲面，甚至连三轴椭球面都不能说明它的特征。

因此，严格地说，地球的形状只能说是"地球体"，可以说宇宙中找不出第二个形状类似的球体：它不是这里凸出几米十几米，就是那儿凹下若干米。最低凹的地方是南极，它凹下近 30 米；最高的地方是北极附近，凸出 10 米左右。

正因为大地水准面的形状很复杂，所以在实际的测量工作中，一个地方的纬度通常有不同的数值——就看你以什么为标准。天文观测确定的纬度被称为天文纬度，也就是我们通常在地图上标出的纬度，用得最广泛。

如果站在太阳上看，地球与其他行星并没有什么区别，都是绕太阳转的小圆球而已。地球绕太阳转的轨道平面就是黄道平面，轨道的形状与圆相差无几。地球离太阳最远和最近时相差 250 万千米，仅为轨道半径的 3％左右。地球离太阳最近（近日点）时是每年的 1 月 3 日前后，这是北半球上最冷的日子；离太阳最远（远日点）时是在每年 7 月 4 日左右。由此可见，地球上的四季现象与离太阳远近没什么太大的关系，而地球自转轴倾斜，使阳光射来的角度不一，才是形成四季的主要原因。

地球作为行星，它在天文学上的符号是"⊕"或"♁"。在希腊神话中，大地的地神是盖娅。她是主神宙斯的祖母，所有天神都是她的子孙后代。我国则有著名的

"盘古开天辟地"的传说，说是盘古劈开了混沌世界，从而使天地成形。

与自转周期不等于日长一样，严格地说，地球的公转周期也不等于通常所说的年。历法中的年称历年，是365日或366日，平均为365.2425日，而公转周期是365.25637日，称为"恒星年"。当然两者差别甚少——不到20分钟，所以一般也就不计较了。

病床上得到的大发现

在20世纪初，一个德国青年工程师偶然患病，不得不遵照医生的吩咐卧床休息。他的四肢是休息了，但他的头脑却始终不肯停下。那天他对贴在墙上的一张世界地图发生了兴趣，久久地注视着它……

这个青年工程师就是后来成为地球物理学家的魏格纳。他发现大西洋的两岸——南美洲的东北部与非洲几内亚湾一带的海岸线形状十分相似。这仅仅是一种偶然的巧合，还是另有其他更深刻的原因呢？

魏格纳对此入了迷，他终日冥思苦想，后来索性把几大洲裁成纸板，如玩七巧板那样拼来拼去，终于，他发现几块大陆几乎可以天衣无缝地拼成一大块"原始大陆"。此后，经过了将近 10 年时间的探索，他在地质、地理、古气候、古生物等方面找到了一些证据，在 1912 年他 32 岁时提出了"大陆漂移说"（其实，这个观点最早是 1620 年英国思想家弗朗西斯·培根提出的）。他认为，大约在 2 亿年前（大约相当于三叠纪时期），世界上还没有大西洋，浩瀚的大海中仅有一块原始大陆，它下面是一个可流动的黏性玄武岩基层，只是后来它逐渐碎裂成几大块，最后演变成目前的几大洲！

魏格纳的设想是如此新奇，如此离经叛道，以至于他提出这一说法后得到的只是一片嗤笑声！是的，人们只知道地壳可能会有径向的上下运动，它形成了山脉、高原或海洋，它也可能造成可怕的地震，但从未听说过大地会做水平方向的运动。大陆或海洋下面都是坚硬无比的玄武岩，它上面的大陆花岗岩怎么会"漂移"呢？所以几乎所有科学家对魏格纳群起而攻之。一直到他 50 岁（1930 年）去世时，"大陆漂移说"始终未有抬头的机会，以致后来人们几乎已把它遗忘了！

但是科学在向前发展着。魏格纳死后的四分之一世纪过去了，大量的科学新发现渐渐改变了人们的看法，越来越多的资料表明，魏格纳的理论并非是病人的梦呓。到 20

世纪 60 年代中期，大陆漂移、洋底扩张、板块运动已成为地学中的正统观点。

远古时期……

古生物学、古地理学及古地质学等都以无可辩驳的事实证明，在距今 2.25 亿年之前，地球上只有两块原始大陆，一是较南的"冈瓦纳大陆"（这是印度的一个省名），它包括现在的非洲、南美洲、印度半岛、大洋洲及南极洲；一是北部的"劳亚古陆"，它就是现在的亚洲、欧洲及北美洲。后来它们才逐步裂开、分离，各奔东西，最后变成今天世界的样子。人造地球卫星的精确测量也证明了，各大洲至今仍在浮动着，速度大约在每年几厘米到 1 米的范围。

可能有人不解，大陆一望无际，最小的大洋洲也有 897 万平方千米，大的洲则有数千万平方千米，加上大陆上的高山峻岭，质量之大无疑是个天文数字，哪儿来的神力能推动它们呢？这一问题也是当初魏格纳无法说服大家的主要原因。

美国地质学家终于揭开了这个谜底，并把原来的学说发展成更科学的"板块学说"。他们把地球的大陆看成六大板块——欧亚板块、美洲板块（包括了北美洲与南美洲）、非洲板块、太平洋板块、澳大利亚板块以及南极板块。每一个板块是分立的，它们的下面都是熔融的地幔层物质。

地幔有两股相向对流的上升带，造成了上地幔在做缓慢的循环水平移动，它们带动了上面的板块，所以海洋的底部也在不断更迭变迁（大约 2 亿～3 亿年更新一次），而六大板块则如六条洋面上的巨型船只，被它们载着浮动……这种漂移至今还在继续。1992 年 10 月，日本明仁天皇访问上海时，上海天文台台长、著名女天文学家叶叔华说："最近中日两国学者共同测定了上海和东京间的距离，每年缩短将近 3 厘米。通过天皇这次访华，中日两国关系的接近将会比地理上的接近更快。"

用板块学说来解释造山运动和地震现象，也比以前的学说显得更加合理自然，因而它得到了科学家们的一致认同。

我们只有一个地球

现在的所有资料都表明，地球是太阳系内唯一的生命绿洲。可是长期以来，由于人们的恣意挥霍，糟蹋环境，地球这个星球已经患上了多种严重的"疾病"，而且有关环境恶化的各种问题仍然有增无减。

尽管 1992 年联合国已确定每年 6 月 5 日为"世界环境日"，但 5 年之后在韩国汉城（现名首尔）举行的 7000 人大会上，与会的各国代表痛心地指出：全球环境仍在继续恶化，预定的目标未能实现。

首先是占地球表面 70％以上的海洋正在日益被严重污染，10％的珊瑚礁、50％的红树林已永远消失，三大渔场的鱼群早已枯竭，全球变暖不仅使海平面上升，也使不少海洋生物失去了孵化与繁衍的适宜场所。

人类滥伐森林使"地球之肺"面积锐减，仅在 1980 — 1995 年间，森林面积就减少了 0.73 亿公顷（1 公顷 = 10000 平方米），相当于一个墨西哥的面积。这直接导致了水土流失和土地的沙漠化、盐碱化，也使许多野生动物遭到灭顶之灾。

1996 年全球的石油消耗量已超过 80 亿吨，燃烧煤炭和石油所产生的氮化物、硫化物使各地雨水变酸，二氧化碳所产生的"温室效应"明显使全球日益变暖。

人类的活动甚至已影响到了大气中的臭氧层。南极上空的臭氧在最稀时密度只有平均值的 1/3 左右，这种"臭氧空洞"将让各种宇宙射线长驱直入抵达地面。

这种种恶化的直接后果是动植物的迅速减少乃至灭种。据统计，现在全世界每年灭绝的动物多达 27000 种，这比古代快了近 1000 倍！

更让人不安的是水资源正在迅速枯竭。1992 年第 47 届联合国大会通过决议：每年 3 月 22 日为"世界水日"。据有关报告，现在世界上至少有 80 个国家供水不足，每天都要为水奔波的人数已占这些国家总人口的 40%。联合国的一位官员认为，如果说 19 世纪、20 世纪的许多战争是为了争夺石油资源，那么 21 世纪在水成为一种稀有物品时，不少的社会动乱乃至国际冲突都可能因水而生。

在发展中国家，因人口剧增而使这个问题更加尖

锐——一方面是需求大幅增加，一方面因管理不善使可用的洁净水日益减少。现在因水污染而死亡的人数已达每年2500万之多！在 20 世纪 80 年代时，马来西亚的一条内河因水中汞含量高得出奇竟可直接当杀虫剂使用！

我国的水资源同样十分紧缺。华北平原一些地区的地下水以每年1米的速度下降，经济发达的苏、锡、常地区，也因过度开发地下水而造成了地面下沉。水也成了北京不少地区经济发展的瓶颈。黄河这条中国人的母亲河，现在经常发生断流，而且断流的范围年甚一年，断流的时间也在不断延长……这些都可以看成是大自然给我们敲响的警钟。

问题的确十分严峻，但只要人人都认识到问题的严重性，时刻注意保护环境，治理污染，努力植树绿化，就可以遏止环境恶化的趋势，让水变得更清，让天变得更蓝。

人类生活在地球上，宇宙中只有一个地球。因此保护地球已经刻不容缓，"京都协议"是一种努力，但更重要的是要"人人都献出一份爱"。

保护地球，需要"从我做起，从现在做起"。

子虚乌有的"准地球"

俗语说，"新闻年年有，今日大不同"。科学飞速发展，世界日新月异，新发现、新成果、新观点、新理论层出不穷，令人目不暇接。但鱼龙混杂在所难免，常有一些似是而非的"科学发现"来混淆我们的视听。

1997年10月，哈萨克斯坦有一位名叫康拜图拉·马胡托夫的天文学家发表了一篇论文，他认为在太阳系中还有一个人类尚不知晓的神秘星球，它的大小、质量与地球几乎完全相同，很像地球的"孪生兄弟"，可以称之为"准地球"。这个"准地球"就在地球的轨道上绕太阳运行，只是它与地球分处在这一轨道的两端，中间隔着一个光芒四射的太阳，好像是在与地球捉迷藏，所以几千年来人类都不知道在太阳身后还躲藏着一个最亲近的"同胞手足"。

马胡托夫的观点得到了一些人的支持，哈萨克斯坦科学院就是最坚定的拥护者。他们称这是一项"伟大发现"，并撰文说，马胡托夫的成果不仅饶有趣味，而且

有"充分的科学依据"。因为它与地球共占一条轨道，所以绕太阳的公转周期必然与地球的公转周期严格相同，也就是说它始终与太阳一起从东方升起、一起落入西边地平线之下。在地球上无论用什么望远镜，即使是太空中的"哈勃"望远镜，也观测不到它，只能"望星兴叹"。

这些观点似乎有理有据，人们竟一时难辨真伪。那么这个"准地球"到底存不存在呢？

其实，只要稍有一些天文学的知识，就不难发现这一说法的破绽。

地球绕太阳的轨道实际是一个椭圆，如果"准地球"真的在轨道另一侧，那么当地球位于近日点（或远日点）时，"准地球"必然是在远日点（或近日点），这样它们的

公转速度再不会相同了，差别会达到最大，"准地球"不免会"探头"出来，如遇上日全食，地球上的众多天文学家应当不会忽略掉这个亮度达-3等的天体——可数百年来多少人苦苦寻觅，在太阳身旁从来没有发现过比较亮的"行星"。

再说，天体可以隐匿不见，但它的强大引力却是"孙猴子的尾巴"——藏不了的，连黑洞也可凭此来寻找，何况"准地球"！倘若太阳背后有一个如此大的行星，水星、金星的运动早就乱了套，也绝不会有19世纪、20世纪那些寻找水内行星的曲折故事了。

更重要的是，现在人类早已进入了太空时代。20世纪70年代，美国发射了"水手"10号飞船，它在2个"水星年"（176天）中连续3次飞临水星上空，已经到过"太阳背后"，如果那儿有一颗比水星大得多的行星，怎能逃过它的眼睛？

更加令人信服的依据是美国"旅行者"2号提供的资料。1990年2月14日，在它即将飞离太阳系之际，特意"回过头来"，给太阳系拍了一张"全家福"。照片经5个多小时传回地球，使人大开眼界。照片上的地球、金星虽然只有针尖那么大小，但仍清晰可见。倘若轨道上还有个"准地球"，岂非早已原形毕露？如今这张珍贵的照片早已为许多国家的科普书籍、天文著作反复引用，在国外几乎已达到了妇孺皆知的地步。

不仅如此，1994年、1995年美国发射的"尤里西斯"

太阳探测器分别从太阳的南极、北极地区飞过，它离太阳1亿多千米，这样"居高临下"，"准地球"根本无法隐藏。再有"伽利略"飞船在 1995 年 10 月间也到达过地球轨道的"另一侧"，可它什么也没有发现！

由此可见，"准地球"完全是空穴来风，不值一驳。

┠ 太阳系中最小的行星——水星

人们常把太阳系比作一个和睦的大家庭，太阳就是这个家庭至高无上的"家长"。他的力量和权威，使所有家庭成员都循规蹈矩，在他规定的轨道上绕着他运转不息。在这个太阳家族中，8 颗行星就是太阳的 8 个子女，120 多颗卫星就是他的孙儿孙女……

行星本身不发光（严格讲，是不发可见光），但由于它们就在太阳身旁，且离地球很近，所以它们在夜空中也都显得明亮夺目；也只有这几颗星星在星空中做着"无规则"的漫游。它们忽东忽西，时快时慢。可以这样说，古代天文学发展的动力之一，就是为了解释行星的运动以及预报行星的位置。

下面的故事就从离太阳最近又是最小的水星开始。

哥白尼为它抱憾终身

哥白尼是人们所共知的伟大天文学家。他经过"四个九年"的不懈努力，终于推翻了桎梏人们头脑千百年的

"托勒密地心系统"。面对着教会和习惯势力的巨大压力，他晚年终于把《天体运行论》交付出版。哥白尼撰写这部巨著的出发点之一，就是托勒密理论预报的行星位置与实际不太相符。对于这些破绽人们不是敷衍搪塞，就是添加一个个玄妙的圈圈，而哥白尼却一针见血，认为托勒密系统中"不是忽略了一些必不可少的细节，就是塞进了毫不相干的东西"。

　　哥白尼的主要贡献是确立了太阳系的"结构"——是行星绕太阳运转，而不是太阳和其他行星绕我们地球运行。这一小小的"改动"非同小可，一直被公认为是科学思想史上一座伟大的里程碑。恩格斯如此评价哥白尼的著作："他用这本书来向自然事物方面的教会权威挑战。从此自然科学开始从神学中解放出来。"

　　在八大行星中，水星离太阳最近，它绕太阳公转的轨道半径只有 0.387 天文单位（天文单位可视为日地的平均距离，约 1.5 亿千米）。因为它始终在地球的轨道之内，所以也称为内行星。从我们地球上来看，内行星始终徘徊在太阳的身旁，好像小孩子专爱向父母撒娇似的。从图1不难看出，它离太阳的角距离可以用公式 $\sin\alpha = \dfrac{SM}{SE}$ 来计算。很显然，只有当水星处于 M_1 或 M_3 的位置时，α 角达到最大值。这个最大值称为"大距"或"大距角"。水星的大距角平均是 $22°46'$，最大时不超过 $28°$，最小时只有 $18°$，这是因为水星的轨道是个椭圆，SM 的长度并非固定不变：

当 SM 为最长（6980 万千米）时，则 $\alpha = 28°$，相反，当 SM 最短时（4600 万千米），α 只有 18°。

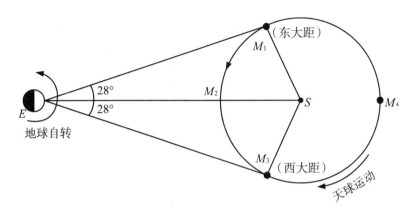

图 1　水星离太阳的大距不超过 28°（S 为太阳，M 为水星，E 为地球）

正因为水星不离太阳的左右，所以我们很难与它谋面——它几乎与太阳一起东升西落。换句话说，它白天在天空中，夜晚在地平线之下，只有当它处于大距时，才会偶露真容。例如，水星在 M_1 时，在我们看来它就是在太阳的后面——东边，故称为东大距。倘若 α 为 22°，则这时太阳东升后约 1 个半小时后，它也从东方升起，但这时已是白天，当然见不到它。只有当太阳西落时，它才在西方地平线上 22°处，但那时天空尚十分明亮，至少再过四五十分钟才会变得昏暗起来。这时，它离地平线不过 10°左右了。在黄昏出现于西方天空的内行星称"昏星"。水星在黄昏逗留的时间也不过四五十分钟而已。

相反，当水星位于 M_3 的位置时，它就会变成"晨星"。因为它跑到了太阳的前面 α 度处，所以它比太阳早 1 个半小时东升，早半小时落下。那时，我们能在拂晓时的东方地平线上找到它，可见的时间一般也只有四五十分钟。

所以，除非日全食时人们可以在"白天"见到它，一般情况下，它只会早晚时出现在东西方地平线上空，不会跑到南边天空去。因为在地平线附近，所以亮度也大减（因地球大气吸收），倘若地形不利，如有山岭、城市建筑或者灯光，都会使这个难得的机会丧失。因此，从未见过水星的人是十分多的。

以 2007 年为例，水星共有 6 次大距（表1），一次大距可见日为 3～6 天（视大距角而定），这样 2007 年可见水星的日子总共不过 30 多天。

表 1　2007 年水星的视运动

	月　日	月　日	月　日	月　日
上合（M_4）	1　7	5　3	8　16	12　17
东大距（M_1）	2　8	6　2	9　29	
留 *	2　13	6　16	10　12	
下合（M_2）	2　23	6　29	10　24	
留	3　7	7　10	11　1	
西大距（M_3）	3　22	7　20	11　9	

* 在顺行与逆行的转换中，总有几天内，它在天球上位置不变，称"留"的一段出现在大距与下合之间。

如果进一步考虑到地理纬度的因素，则处于高纬度地区的人更不易见到这个"神出鬼没"的水星了。所以哥白尼年轻时在意大利学习期间还可与水星打交道，但从 1506

年回到波兰故土一直到 1543 年去世，他就再也没有见过这个"老朋友"。因为他的家乡托伦城，处于北纬 53°的地方，比我国最北的漠河纬度还高。对此，哥白尼一直引以为"终生之憾"！

貌如月球，不是月球

我国古代"五行"学说讲"水、木、火、土、金"，其中水即指"水星"。因为它就像水那样极易流逝而去，又因为它离太阳总在 1"辰"（30°）之内，所以又称"辰星"。罗马神话中称水星为"墨丘利"，

在希腊神话中则叫"赫耳墨斯"——他是主神宙斯与仙女迈亚结合所生下的儿子。由于他双脚上都长着一对神翅，是一个行走如飞的"神行太保"，所以后来充当了宙斯和众神的信使，专门传递天庭间的重要信息。由于他十分机灵，神出鬼没，因而又成了兼管畜牧、贸易、交通旅游、体育运动的神灵，后来，连那些小偷和盗贼也奉他为他们的保护神。

在天文学中，水星用符号"☿"表示，代表赫米斯手中的魔杖——阿波罗赠给他的由两条蛇缠绕成的手杖。

在天空中，水星的运动十分迅速。在 40 多天的时间

内，它会从太阳的最东边遛到最西边（中间还有一大段时间完全淹没在太阳的强光中而不可见），在星空中走着一段奇特的曲线。

要见水星一面很不容易，要仔细端详更是难上加难。水星的半径很小，仅 2440 千米，约相当于地球半径的 38%，所以在地面上来看，它的角直径最大时也不超过 12″。这样的角径，相当于一枚放在 390 米远处 1 元硬币的角径，肉眼能看见它都不容易，何况还常常受到强烈阳光的影响。

最早观测水星表面状况的是一个德国的天文爱好者施里特。他用一架小望远镜在 1779 — 1813 年间对月球和几个行星作了大量的观测。他观测到了水星的位相（即像月亮那样的圆缺变化），还看到了水星表面上的明暗区域。据此，他认为，水星表面上不乏高山峻岭，最高的山可能高达 20 千米，比地球之巅珠穆朗玛峰还高 1 倍多！

半个多世纪后，意大利布雷拉天文台台长斯基帕雷利在 1881 — 1889 年对水星进行了系统的观测，并画出了世界上第一张水星表面图。他从表面的明暗变化推定出水星的自转周期为 88 天，正好与它绕太阳的公转周期相等。所以，他以为水星就像月球绕地球那样，始终以同一个面朝着太阳，另外的半面则永远照不到阳光。

于是，当时有不少人认为水星一点也不像是地球的"兄弟"，而更可能像月亮——地球的"儿女"。说真的，它像月球的地方可真不少：与月球一样有位相的变化，又在做着与月球一样的同步自转。论半径，水星只比月球大40％，所以水星和月球一样，上面没有大气、没有水、没有任何生命迹象。20世纪70年代时，从接近水星的宇宙飞船发回的水星照片看，它的地表情况也酷似月球。

但水星绝不是地球的"儿女"，它确确实实是地球的"兄弟"，尽管它与月球有一些相似之处。水星的质量达$3.3×10^{23}$千克，即33000亿亿吨，比月球大4倍。平均密度高达5.48克/厘米^3，与地球的平均密度（5.52）相差无几，而月球的密度只是3.34！1992年美国曾有人宣称他们在水星的北极地区发现了一个巨大的"冰海"，面积达640千米×340千米，但多数人对这一宣称持慎重态度。

现代空间探测的资料已经证实，水星与地球有着类似的内部结构，而与月球的结构大不相同。水星上还有与地球类似的磁场——当然比地球要弱，大约为地磁的百分之一。

还有一个重要的依据是，水星离太阳的平均距离正好在提丢斯定则所规定的位置（见小天体篇中"涉嫌剽窃的天文学家"）上，这就像金星和火星一样。

水星的自转情况，被人误解了一个世纪。原来它的自转根本不像月球，也绝不是始终以同一半球朝着太阳。1965年，天文学家用雷达测出了它的自转周期是58.646日，正好是它公转周期的2/3。

由此可见，水星作为大行星的资格应是无可非议的。

1 天等于 2 年长

通常我们把行星绕太阳一圈的时间叫做"年"。按这个标准来说，水星每 88 天绕太阳一圈，所以一个"水星年"还不到地球上的 3 个月。我们倘能到水星上去生活，谁都很容易活上二三百"岁"，可是，要过"日子"，却很不容易。且不说它的生态环境是否适合生物生存，光这"一天"的长度就叫人吃惊，这可是地地道道的"度日胜年"呀。因为水星上的一昼夜（注意，一天的长度并不等于它的自转周期）竟长达 176 地球日，或者说 4224 小时。由此可知，在水星的"1 天"时间内，它已绕太阳转了 2 圈，"1 天等于 2 年"。倘若在水星上美美睡一"夜"，醒来就可以长一"岁"。

可能有人会纳闷，为什么一天的长度不是行星的自转周期？其道理在于行星在自转的同时还在公转着。

那么自转周期与 1 天长度有没有关系呢？天文学家早就做了研究。原来每个行星的自转周期、公转周期、1 天长度三者之间有一个简单的关系式：

$$\frac{1}{1\text{天长度}} = \frac{1}{\text{自转周期}} - \frac{1}{\text{公转周期}}$$

所以，太阳系中八大行星上 1 天的长度可见表 2。当然，一般说来，1 天长度与自转周期是相差无几的。

表 2　八大行星上 1 天的长度

	自转周期	公转周期（天）	一昼夜时间
水　星	58.6 天	88	176 天
金　星	243 天（反向）	224.7	117 天
地　球	23 小时 56 分 04 秒	365.256	24 小时
火　星	24 小时 37 分 23 秒	686.98	24 小时 39 分 35 秒
木　星	9 小时 50 分 30 秒	4332.589	9 小时 50 分 33 秒
土　星	10 小时 14 分	10759.2	10 小时 14 分 2 秒
天王星	16 小时 58 分	30685.4	16 小时 58 分 01 秒
海王星	17 小时 50 分	60189	17 小时 50 分

由于水星离太阳的距离只是地球的三分之一左右，所以水星上的阳光差不多比我们赤道上的阳光还强 6 倍。地球有一层厚厚的大气，可以挡掉或反射掉一些阳光，水星却没有这个保护层，所以不难想象，水星是一个可怕的高温世界。一旦旭日东升，水星地面上的温度也会随之剧烈地上升。由于它的白天长达 2112 小时，所以连续 88 天烤晒下来，不仅土地龟裂，江湖沸腾（倘若有的话），就连一些熔点较低的金属如铅、锡、锌之类，也会在灼热的阳光下变成液体。因为在阳光的直射下，水星地表最高温度可达 427℃，比鼎沸的油的温度还高 100℃。

水星上既无空气又无浩瀚的大海可以调节气温，所以是最极端的"大陆性"气候。昼夜的温差是太阳系中的绝对冠军。太阳一旦西沉，迎来的是长达 88 天的漫长黑夜。这时，水星表面温度就直线下降，不久就降至冰点以下，到最冷的下半夜，表面温度竟达-173℃！这一温度下，几乎一切都冻得比石头还硬，连普通温度计中的酒精也早冻成一条"冰柱"。

水星上一昼夜的温差达600℃，再讲一年中的季节还有什么意义呢？

水星上的"龙种"

水星的表面很像月球，上面分布着密密麻麻的环形山，其中直径在100千米以上的有近千个。同时，水星上也有一些暗黑的"海"，它们都是低洼的盆地。甚至还有一些原以为只有月球上才有的"辐射纹"——从一些大环形山向四方散开去的亮带。有的辐射纹长达1000多千米。从一些宇宙飞船空间探测时发回的照片来看，水星表面上还有许多令人心惊胆战的悬崖峭壁。例如在它的北极附近有一条"维多利亚悬崖"，悬崖的高度超过3000米，比泰山还高1倍多，绵延逶迤500多千米。

月球上的环形山，人们早已观测了几百年，所以已——有了名字——大多是蜚声世界的科学家。水星上的环形山是刚刚由飞船发现的，所以都没有名字。1976年，国际天文学联合会委派了一些专家、学者为它们命名。这是一件工作量浩大、涉及面甚广的复杂工作，经几次反复磋商，第一批环形山的名字在 1987 年正式公布于世。

水星上 15 个以中华人物命名的环形山（按年代排列）

环形山名	生卒年代	身　份	中心位置		直径（千米）
			西经（度）	纬度（度）	
伯　牙	约前 8 —前 5 世纪间	音乐家	21	45.5（南）	90
蔡　琰 *	2 世纪	诗人	22.5	23.5（南）	120
李　白	701 — 762	诗人	35	17.5（北）	120
白居易	772 — 846	诗人	165.5	6.5（南）	60
董　源	? — 962	画家	55	73.5（北）	90
李清照 *	1084 — 1151	词人	73	77（南）	60
姜　夔	1155 — 1230	音乐、文学家	103	14.5（北）	40
梁　楷	约 12 — 13 世纪间	画家	183.5	39.5（南）	105
关汉卿	约 1200 — 1300	戏曲家	53	29（北）	155
马致远	约 1250 — 1324	戏曲家	77	59（南）	170
赵孟頫	1254 — 1322	书画家	22.5	23.5（北）	120
王　蒙	1308 — 1385	画家	104	9.5（北）	170
朱　耷	约 1624 — 1705	画家	106	2.5（北）	100
曹　霑	1715 — 1763	文学家	142	13（南）	110
鲁　迅	1881 — 1936	文学家	23.5	0.5（北）	95

*　为女性

这一批命名的，都是位于水星西半球（西经 10°～190°）上直径大于 20 千米的大环形山，采用古今中外的文学家、艺术家的名字。我国有着五千年的灿烂文明，所以有 15 个不太小的环形山被授予了中国人的名字。

水星的内部结构与地球大致相同。同样可分成壳、幔、核三大层。不同的是，水星的幔层很薄，内部的核很大。据理论推算，水星核的半径约为 1830 千米，相当于它半径的 3/4 左右，比整个月球还大。这个核球的主要成分是铁、镍和硅酸盐，密度很大，仅次于地球。

根据这样的结构推算，水星应当含有铁 20000 亿亿吨（$2×10^{23}$ 千克），即占水星质量的 60% 左右。这个比例非同小可。在我们地球上，凡含铁量超过 45% 的矿石就是令人眼馋的富铁矿了，而水星的含铁比例高达 60%，所以整个水星是一个超巨型的特大特富铁矿。按目前世界钢的年产量（约 8 亿吨）水平推算，一个水星足可供我们开采 2400 亿年——目前宇宙的年龄还不满 200 亿年呢！

"火神星"的故事

1859 年，法国巴黎远郊的一个偏僻的乡村小镇上，忽然来了一个大人物。他一下马车就急匆匆地要寻找一位当地的木匠。这件事顿时成了镇上的头号新闻。

这位大人物是谁？原来是发现了海王星的勒威耶。那时他已誉满全球，是著名的巴黎天文台台长。

这位 48 岁的大天文学家为什么要急匆匆找一个木匠呢？事情还得从头谈起。

话说当年勒威耶发现了海王星后，他仍然坚信太阳系内还有一些有待人们去发现的新行星。不过，海王星轨道外的区域太广阔了，他手上既无精良的望远镜，又没有柏林天文台那样详尽的黄道星图，难以发现更暗弱的"海外行星"。于是他把眼光投向了行星系统的另一端：水星轨道之内是否还有行星

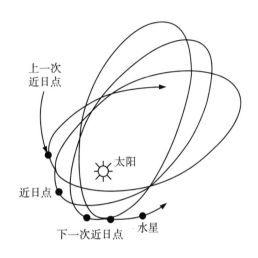

图 2　水星的近日点进动示意图——每转 1 圈向东偏过一点点

呢？经过长期的研究，他发现，水星绕太阳每转 1 圈，它的轨道就会向东偏过一点点，这就是现在常说的"水星近日点进动"。这种进动极其微小，图 2 是放大了的示意图，实际的变化极细微，大约每 100 年东移 43″①。而百年中水星绕太阳转了 400 多圈，所以绕太阳 1 圈只偏过 0.1″，相当于一枚普通邮票放到 56 千米远处的张角。

勒威耶对于自己这项研究的喜悦心情是可想而知的，

① 水星近日点的实际进动数值是每世纪 1°33′20″，该值是 43″ 的 130 倍，这主要是金星及地球的"摄动"引起的。在扣除了其他行星的正常摄动 1°32′37″ 即 5557″ 后，还有 43″/世纪的剩余进动值。但当时无法说明。

这不仅说明他观测技术之娴熟精细，而且很可能他又将获得惊人的发现；让世界再次为他欢呼。

勒威耶扣除了其他行星产生的摄动的影响，精心设计了这颗"水内行星"应当遵循的轨道。由于它是那么靠近太阳，想必是个烈日炎炎的大火炉，所以他为这颗即将"到手"的行星准备了一个恰当的名号："伏尔甘"。这是希腊神话中火神赫菲斯托斯的罗马名，中文可译为"火神星"。

勒威耶极想亲自抓获它。当然，最有希望的是乘它凌日时让它现出原形。但是几年下来，勒威耶仍一无所获。正当他毫无进展的时候，他听说一个名叫勒斯卡博的乡间木匠已经捷足先登，首先找到了他期待已久的"水内行星"，据说勒斯卡博还测出了它的直径为水星的1/4。听到这些消息，叫他怎么不激动万分！

这是一次带有戏剧性的会见：一方是负有盛名的天文学权威，另一方却只是默默无闻的木匠兼医生；一个是严肃的、叫人望而生畏的学者，另一个却是腼腆胆小、说话拘谨的天文爱好者。但这一次，勒威耶却是诚心诚意来讨教的，他的谦逊与真诚也感动了勒斯卡博。他转身回房，寻出了一堆厚木板——原来这个木匠事事不离本行，他习惯把自己的观测资料记录在他的木板上。当他不再需要它们时，就拿起刨子刨掉。在新的板面上，他又会添上一些新的数据或观测到的图像……

勒威耶几乎被他征服了，对他毕恭毕敬，言听计从，不仅对他的全部记录"照单全收"，甚至还让他对自己所计算的"火神星"轨道加以修正。

　　勒斯卡博并不是招摇撞骗的掮客，他在当地声誉甚佳，而且确实是一个出色的天文爱好者。他还懂得一些医道，常为人诊治一些疾病。但是在关于"火神星"的问题上，他显然搞错了。因为没有人能证实他的观测，以后也没有在他预言的时间和地点出现"火神星"。

所有努力全落空

　　从勒斯卡博那儿"满载而归"的勒威耶，兴致勃勃地重新做了计算，并信心十足地预言了"火神星"下一次凌日的"确切时间"是 1877 年 3 月 22 日。这时，几乎没有人对此有半点怀疑。但事实是不讲情面的，很多人在勒威耶预报的时间把望远镜对准了太阳（注意，观测太阳需有防护设备，否则会灼伤眼睛），可上面除了几个稀稀拉拉的黑子外，什么也没有。面对各地寄来的质问信件，勒威耶依然毫不动摇，他对"火神星"的存在始终没有怀疑过。因为在当时，除了未知行星引起的摄动外，实在想象不出造成水星轨道变化的其他原因。因此，直到 1877 年 9 月 23 日临终时，他还要求下属千万不要失去寻找"火神星"的信心……

　　其实用不着勒威耶叮嘱，在 20 世纪中，天文学家寻找水内行星的努力从来没有中断过，而且还进一步改进了观测的方法。相信"火神星"存在的天文学家认为，既然"火神星"几乎与太阳一同东升西落，何不利用日全食的机会来寻找它呢？月球挡住了阳光，造成了短暂的黑夜，一定会使"水内行星"大放光华。日全食平均每世纪有 67 次。天文界在观测日全食时，常把搜寻"水内行星"作为重要观测内容之一。在 100 多年中，屡屡有人发出找到"火神星"的"喜讯"，直到 20 世纪 70 年代还有过两次：一次是在 1970 年 3 月 8 日墨西哥的日全食时，一个观测小组声称他们在那短暂的二三分钟内见到了太阳旁边的确有一颗很明亮的星点。另一次是 1973 年 6 月 30 日，在非洲大陆上发生的那次日全食观测中。当时两个比利时天文学家多辛与赫克正在肯尼亚的观测点上，他们成功地拍摄了日全食的全过程。在 20 多张底片上，他们发现在太阳身旁有一颗比水星还亮的星体，其视亮度为 -2 等。当时人们把它临时称为"多辛-赫克天体"，希望以后得到进一步证实后再正式命名。

　　"多辛-赫克天体"引起了人们极大的兴趣，报刊对此进行了广泛的报道。但是许多人对此心存质疑。参加那次日全食观测的天文学家大多也持否定的态度。例如，在肯尼亚另一地点观测的日本天文学家曾撰文说，在他们拍得的底片上根本没有什么亮星，最亮的天体是 3.2 等的双子 ε（井宿五）。其他的观测队也支持日本天文学家的结论，认为可能是比利时人照相底片上的瑕斑让人空欢喜了一场。

　　此后，历次发生日全食（几乎每二三年就有一次），人们还念念不忘观测"多辛-赫克天体"，可是都没能发现它的踪迹。看来，"多辛-赫克天体"只能作为一个历史上用过的名词了。

时至今日，"水内行星热"已经大大降温了，多数人倾向于它并不存在，但仍有不少人依恋着这个"火神星"。今天，在观测日全食的队伍中，仍有人要找"水内行星"。例如，1980年2月16日的昆明日全食，中国科学院组成的日全食观测队里就有两个观测点把搜索"水内行星"作为科研项目之一。

爱因斯坦的解释

自勒威耶以后，人们为了寻找"水内行星"耗费了不知多少心血，可总是"竹篮打水一场空"。

从科学的观点来讲，"一无所获"本身亦是一项科研成果——只要真正能从科学上证明"不存在"。本来，科学只要求把问题探明、揭露本质就达到了目的。例如科学证明上帝、鬼怪都是不存在的，就是战胜了迷信，就有重要的意义。可是，在"水内行星"问题上，天文学家连这一点也做不到。因为否认"水内行星"存在，就要科学地解释水星轨道近日点进动的原因。不是"火神星"的吸引，那是什么"神力"使水星的运动如着了魔一样？难道是牛顿的万有引力定律在水星那儿出现了"例外"？这真使人们进退两难，不知如何是好。

进入20世纪之后，科学发展的步伐大大加快了。1905年，瑞士伯尔尼联邦专利局的一个犹太族职员一鸣惊人地提出了划时代的全新论点。他认为，牛顿当年建立的完美无缺的力学体系，实际上并不是世界的真实写照，而只是反映当物体的运动速度远小于光速时的理论。如果物体的运动速度达到可与光速相比拟，则不仅牛顿定律不再成立，就连我们平时熟悉的时间、空间的性质也都会变得奇妙而陌生起来。

这个"奇谈怪论"的提出者，就是 20 世纪最伟大的科学家爱因斯坦。他以无可辩驳的事实为依据进行推理，提出了以"光速不变"为基础的"狭义相对论"。这个理论认为，对于一个运动速度巨大的物体来说，其质量会变大，时间会变慢，距离会缩短……

1915 年，人们还没从"狭义相对论"的迷宫中走出来，爱因斯坦又提出了更加深奥莫测的"广义相对论"。据说，当年听他演讲的人，无不如坠入五里雾中，连一些科学家也觉得"不知所云"。什么物体的质量可以转化为巨大的能量，而能量又是物质的属性；什么在引力场中，我们生活的空间，并不像牛顿所说是大箱子那样平直无限的，而是弯曲的；什么加速度与引力场又可看做是一回事情等，使人惊诧万分。

广义相对论十分高深，涉及许多难以掌握的数学、物理知识。爱因斯坦用它轻而易举地帮天文学家摆脱了在水星问题上的困境。他作了一系列的推导后，最后得到了一个并不太复杂的计算近日点进动 $\triangle \varepsilon$ 的公式，并从中算得：每 100 年的进动值为 42.91″，正好与观测值每百年 43″ 不谋而合。

这一惊人的吻合达到了一箭双雕的效果：既解决了水星运动之谜，否定了"水内行星"的存在，又使"广义相对论"获得了实验证据。广义相对论的观测依据大多是从天文学上获得的，还有几项是：光线被太阳吸引而弯曲，白矮星光谱引力红移，引力透镜及引力波存在等。

"信使"传来的新信息

最早到达水星的飞船是美国的"水手"10号探测器，这也是最早实现连续探测两颗大行星的飞船，它的轨道设计可谓巧夺天工。在1973年11月3日发射后，一年中它竟"三访"水星。三次离水星表面的距离分别为：703千米、48069千米及327千米。它于1975年3月24日因能源耗尽而与地球失去了联系。其所得资料十分宝贵。它拍得的水星近距照片分辨率达204米！尤其重要的是，它探明了水星上的磁场及磁层状况，判明了它内部的核的情况，为水星研究开创了很好的局面。

2004年8月3日，在佛罗里达州卡纳维拉尔角的肯尼迪航天中心，美国航空航天局的"信使"号飞船顺利升空，踏上了漫漫的探索水星之路。这是"水手"10号后近30年来人类首次对水星进行全面的环绕探测。美国航空航天局对它的要求是，用更少的钱办更多的事。所以，"信使"必须做到在科学上无可挑剔，必须有持久的生命力。它通过整合现有的技术和有效的工程学设计，达到了航空航天局预定的目标。

飞船上的每个重要系统都有备份，一旦一个系统瘫痪，另一个备份系统即可接过它的任务继续探索。水星距地球约9100万千米。"信使"号如果直接飞向水星本来只要3个月左右就能到达，但现在却飞了6年多的时间，其主要原因是为了尽量压缩太空探测项目的开支——它不能携带更多燃料，只能借助天体的"一臂之力"。

"信使"号探测器拍摄的1213张照片中的一部分在2008年1月30日公开，它们有助于支持这样一个观点：水星上点缀着古代留下的火山，随着时间推移，这颗行星在不断收缩，形成像皱纹般的山脊。但其他一些图片令人非常惊讶和迷惑不解。任务首席科学家肖恩·所罗门表示，其中一张照片捕捉到的蜘蛛形状的地貌"跟我们在太阳系其他地方看到的情形都不一样"。这张图片上显示出一个像大陨石坑的图形，周围延伸出很多模糊的线条。罗德岛布朗大学科学团队的共同研究员海德说："接近蜘蛛的中心有一个陨石坑，但陨石坑究竟是原始构成的还是之后才出现的，对此仍不清楚。"

过去，人们常以为水星和月球类似。但是这些最新照片显示了许多水星不为人知的特性，它上面还曾有火山活动。在美国航空航天局不断改进的高科技设备的帮助下，"信使"号拍摄到的照片显示出淡蓝色和暗红色。负责"信使"号任务的设备科学家，约翰·霍普金斯大学的路易斯·普罗克特说："水星有颜色分明的红色和蓝色区域。它看起来和月球并不一样。"

"信使"号还发现了水星的另一个独特特征：一条比水星直径还长得多的"长龙"，它呈明亮的橙色，这让人感到它还有很多不解之谜。

"信使"号在 2011 年 3 月 18 日 12 时 45 分最后一次飞掠水星，并进入水星轨道，成为首颗围绕水星运行的探测器。这是人类航天史上首次成功将一颗探测器送入水星轨道。

┠ 与地球貌合神离的星——金星

在天空中，除了太阳与月亮之外，最明亮的就是熠熠生辉的金星。金星又称"太白"、"启明"、"长庚"。我国最早的诗集《诗·小雅·大东》中就有："东有启明，西有长庚"之句。在星相家的心目中，它是一颗凶星，主杀伐。有唐诗云："云龙风虎尽交回，太白入月敌可摧。"古罗马人、腓尼基人、犹太人也都把金星视为魔鬼的化身，是恶星。

但中国民间对它却情有独钟，如传说太白曾帮助大禹治水，历史上人们所喜欢的人物如老聃、东方朔、李太白都附会说他们都是"太白金星"下凡，著名的鲁迅先生其小名即是长庚，而其弟周作人的小名叫启明。

拿破仑吃的哪门子醋

1797 年 12 月 10 日，法国统帅拿破仑从意大利返回巴黎时真是万人空巷。人们涌上大街，希望一睹这位伟大人物的风采。傍晚，拿破仑的队列出现了，人群中出现了骚动……可是当这位身材矮小的统帅真正来到时，欢迎的人群好像熟视无睹——他们一个个都遥望西天，因为那儿正好有一颗美丽而极为明亮的星星。这种尴尬场面使这位名震欧洲的首领恼火不已。

显然，这颗令拿破仑嫉妒的亮星就是太阳系的第二颗行星——金星。

在迷人的星空中，金星最亮的时候甚至可以把地面上的物体照出影子来，白天也看得见！它的亮度比最亮的恒星天狼星强 14 倍。即使全天 6 等以上的近 7000 颗肉眼可见星的光加起来，也不过比金星略亮 20％左右。

金星的轨道半径为 0.723 天文单位，约 10800 万千米，在地球轨道以内，也是一颗内行星。金星是大行星中与地球最靠近（平均距离 4200 万千米，最近时只有 4100 万千米）的一颗。正因为它是内行星，所以也只能作为晨星和昏星出现于东西两边天空中。不过对金星而言，大距 $SM = 0.723$，大距角可达 48°，因而金星出现的地平高度比水星高得多，在空中逗留时间也长得多。没有见过水星的人比比皆是，但几乎无一人没见过金星。

中国的"太白金星"在西方被称为"维纳斯",是罗马神话中的爱神与美神（希腊神话中相应的名字叫阿佛洛狄忒）。维纳斯是世间最美丽端庄的女神。她几乎把人类所有女性的美都集于一身。她是宙斯的女儿，后来成为战神玛尔斯的情人。在法国巴黎的卢浮宫中珍藏着一座高约 2 米的维纳斯古雕像，这是件无与伦比的艺术瑰宝。如今，这个断臂美神的复制品已遍布世界。

太白金星，你的手到哪里去了？

天文学中金星的符号是"♀"，这是维纳斯心爱的明镜。她每天梳妆时，总要对着宝镜端详一番；它也象征着女性的端庄美丽。有趣的是，同样是这个符号，到了生物学家那儿就是繁衍生殖的标志，它代表着动物中的雌性。

金星不仅在距离上最接近地球，而且许多物理参数也与地球相差无几。例如金星的半径是 6070 千米，是地球半径的 95％，质量是 4.87×10^{24} 千克，仅比地球少 18％ 左右，

两者的平均密度只差 5％，表面的重力加速度也只有 12％ 的差别。一个体重 50 千克的人，在金星上仍有 44 千克重。金星上面有浓密的大气，所以，人们习惯上称金星是地球的"孪生姐妹"。

正因为如此，在 20 世纪 60 年代以前，不少人还以为金星浓密的大气下面一定有着高大的原始森林，认为在金星上找到生命的可能性比火星更大。观测表明，金量总以同一半球朝着地球，也就是说，人类只能观测到大半个金星表面。

难猜的科学字谜

用望远镜观察，可以看到金星也如月亮那样有圆缺的位相变化。1610 年，意大利天文学家伽利略把他自制的望远镜对向金星时，首次获得了这个重大发现。后来，他把这个观测事实作为证明哥白尼的太阳系学说的重要证据之一，因为只有金星在绕太阳运行时才可能会有这种变化。

伽利略发现金星的位相变化还有一段趣事。1610 年 9 月底，伽利略在望远镜内看到金星似一钩弯弯的娥眉月。惊喜之余，他觉得还要进一步研究和思考，便决定对此发现暂时保密，但又怕别人比他先发表而夺走他的荣誉，所以他搞了个有趣的文字游戏，只发表了一句令人十分费解的话："Hace immatura a me jam frustra leguntur, O. Y."按字面解释，它的意思是"枉然，这些东西，今天被我不成熟地收获了"。伽利略到底"收获"了什么？当时谁也琢磨不透。因为要把这 35 个字母打乱了再重新排列、组合并得出有意义的句子，实在比登天还难。据说在 11 月初有人还问过伽利略，说只要相信哥白尼学说，水星、金星轨道在地球轨道之内，就应预料到它们有位相变化。谁知伽利略却打起了"太极"。他回答说这些天他身体一直不好，不能观测，所以对天上的东西很多还未研究呢。一直到 1610 年年底，伽利略才公布了他的谜底。他把句子中的这些字母重新排列，即变成这样一句话："Cynthiae figuras aemulatur mater amorum."大意是："爱神的母亲仿效狄安娜的位相。"在希腊罗马神话中，那个长着双翅、手拿银弓金箭的小爱神——爱洛斯的母亲正是维纳斯，而狄安娜也是月神的罗马名字。

不过金星的位相与月球还是有所不同的。月球作位相变化时，圆面的直径并无什么明显的变化，可是金星却不然。当金星处于下合时，地球上看来就相当于"新月"或"朔"。因为这时它最接近地球，所以看起来角直径可达 $64''\sim65''$。而当它处于上合——相当于"望"或"满月"时，圆面的直径只有 $10''$ 左右，两者可相差 6 倍。当然，严格讲来，这两个时刻金星一直与太阳一起升落，它始终淹没在耀眼的阳光中，所以通常是看不见的。

再说"弯月"的金星，其弯度特别大，两尖角的连线远超过直径。这是它有浓厚大气的证据。不过当时伽利略没有跨到这一步。一直过了一个半世纪后，金星大气才为俄国学者罗蒙诺索夫发现和证实，金星也成为人类所知的第一个有大气层的太阳系其他天体。

不是胞妹是魔鬼

金星像一个伊斯兰妇女，始终罩着一层叫人难见真容的"面纱"——厚厚的大气始终把金星裹得严严实实，哪怕用世界上最大、最好的望远镜对向它，也总是只见满球的云雾。在 20 世纪 50 年代用雷达探测以前，谁也不清楚在这浓云密雾下是一个什么样的世界。一些人从"孪生姐妹"的常理推断，认为金星上可能是一个环境不太坏的洞天福地——阳光充足，雨水丰润，气候闷热，万物生长极快……所以不时有一些描写"金星人"的科幻小说问世。

20 世纪 50 年代后期，射电天文学家终于穿过了这层永不消散的"面纱"，首先测出了它的自转周期和表面温度。但传来的结果简直叫人怀疑仪器是否出了毛病：它自转极慢，温度极高，可能达 300℃以上！这样的高温世界，任何有机生命都是不可能存活的。如果真是这样，哪儿还像什么地球的"孪生姐妹"！

到底如何？20 世纪 60 年代，美苏两国纷纷派出"使者"到金星作实地"采访"，但开始的"特使"都出师不利，不是无线电设备失灵，就是火箭出故障。1962 年 8 月 27 日，美国发射了"水手"2 号，经过 4 个月的航行于 1962 年 12 月 24 日飞抵了金星区域。它不仅第一次拍得了金星的近距离照片，还测定了金星大气的化学组成和温度情况。金星大气底下的温度不是 300℃而是 480℃，比水星的最高温度还高 53℃。现在人们知道，金星表面上确实是个可怕的高温世界。它与水星不一样，水星一到黑夜便会降温，但金星上不管白天黑夜，不管"春夏秋冬"（倘有四季的话），也不论在赤道、两极，几乎没有什么区别，都热得那样可怕。

按理讲，金星离太阳比水星远 1 倍，得到的阳光只有水星的 1/4，而且它大气中的密密云雾会把 75% 的阳光拒之门外，金星的表面温度不应该比地球高。究竟是什么原因使得金星变成了一个地狱般的世界？原来，问题出在它的大气上。金星上的大气与地球大气截然不同，

96% 以上是二氧化碳。二氧化碳有个奇怪的秉性：它能让太阳光自由通过射入金星，但却不再放它"回去"，即地面反射出来的热（在红外波段）再也散射不出去，这就是通常说的"温室效应"。二氧化碳本身就是最好的"玻璃暖房"。太阳光射入后，热量就很难再散射出去，长时间只进不出使金星表面温度有增无减，于是成了太阳系中温度最高的行星。正因为这样，不少宇宙飞船进入金星大气后很快就出事了——一般的无线电元件怎经得起 480℃ 的高温。

此外，金星的大气十分浓密，约比地球大气密 100 倍。根据空间探测器的测定，金星表面上的大气压力与我们海洋中 900 米深处的压力差不多，达 90 个大气压。在这样的

压力作用下，一个篮球将被压缩成只有乒乓球那么大。所以，人类很容易在月球上行走，但要登上金星却难上加难——即使可用特殊的手段来降温，人的躯体也根本无法承受如此巨大的压力，人的肺脏会无法呼吸——只有进气的时刻，没有出气的可能。

金星的大气中96%是能使人窒息的二氧化碳，3%左右的成分是氮——同样不能呼吸，还有1%是其他各种元素。还必须指出的是，在离金星表面32~88千米的一层大气中充斥着可怕的浓酸雾滴（它们的大小为1~2微米），主要是浓度很高的硫酸，也有少量的盐酸、氢氟酸等强酸。一旦下起"雨"来，落下的就是极具腐蚀性的强酸。与之相比，地球上因大气污染所下的"酸雨"简直可算"甘露"了。

太阳能从西边出来吗

人们常用"太阳从西边出来"来形容不可能的事，这在地球上随时随地适用，但在神奇的宇宙中，什么事都可能发生。比如在金星上，太阳就是每天从西边升起，朝东边落下。

金星上浓密的大气使人们至今无法看清它的庐山真面目，探知金星逆向自转是射电天文学的一个重要成果。1962年，天文学家用雷达反复测定后，确证了金星以243天转一圈的速度缓缓地向西转动。我们知道地球自转在赤道上的速度可达465米/秒，但金星自转在赤道上的速度只有 1.8 米/秒，比我们平时步行的速度快不了多少。这样，我们在金星上空观看星空几乎是纹丝不动的。一颗恒星从西方升起后，要过 121.5 天或 2916 小时才会沉入东方地平线。

金星上的"1 天"应该有多长呢？根据前面介绍的公式可以算出（注意自转周期为负值）为 117 天。水星上的"1 天"等于"2 年"，在金星上则差不多 1 "年"为 2 "天"。在金星上看太阳的视直径为 43′，约是我们见到太阳大小的 1.5 倍。这样，从太阳刚在西方地平线露头，到它的圆球面全部升起，至少要花 6 个小时。

千万别以为花 6 个小时看日出是浪费时间。不，金星的日出是宇宙间的奇观。因为金星浓密大气造成的大气折射特别厉害，在地平线附近可使原来的光线改变近 180°，所以尽管太阳刚从西边地平线上升起，但你若朝东看去，仍可看到天空中有着一连串的奇形怪状、大小不一的太阳像。这种神奇的景色会使任何人都如痴如醉、乐而忘返的。

几百千米厚的大气，终年不散的厚厚云层，虽然还有些透光，但却永远把金星与外界隔绝了起来。既然从外面无法看到它的表面，那么在大气之下的金星表面也不会见到任何星星。事实上，金星的上空一直是灰蒙蒙的大阴天，即使白天也不是太明亮，而夜晚倒也不会太黑暗，大气折射使得它的白天和黑夜并不那么泾渭分明。

宇宙飞船的探测证实了这一点。从它们发回的照片来看，金星的天空带有橙色，其原因在于云层吸收了阳光中的蓝光部分，所以照到金星表面的光是带有橙绿色的黄光，于是，地面显出略带淡绿的黄橙色彩，天上是朦朦胧胧的橙色的云彩，甚至昼夜之间的亮度也没有多大的区别——真是神秘的异域情调。

值得一提的是"麦哲伦"探测器，这个重 970 千克、装有许多先进仪器、造价达 9 亿美元的无人飞船于 1990 年 8 月到达金星后，一直绕金星转了 4 年之久，直至 1994 年 10 月 12 日才坠入金星稠密的大气层而"光荣牺牲"。

"麦哲伦"探测器沿着金星的子午圈运行，离金星表面最高点为 8028 千米，最低处仅 249 千米，转一圈的周期为 189 分钟。当它冲向最低点时，就可获得金星表面的立体地形照片，每张照片的拍摄范围约 16100 千米×24 千米，最好的分辨率达 120 米，比以前所得的最好资料至少清晰 10 多倍。几年下来，它已把金星表面 99％的地区看了个够。

粗略看来，金星的地貌确也多姿多态，与地球有不少相同之处。表面 60％～70％是极为古老的玄武岩平原，高高耸立的麦克斯韦峰高达 12000 米。由于大气的保护，金星表面的环形山很少，倒是有数以千计的火山口，有的火山口面积达 2.5 万

平方千米，与巴勒斯坦相比也小不了多少。在一些火山口的周围也有一些因陨石撞击形成的沉积物，宛如一朵朵白色的花瓣。种种迹象表明，至今仍有部分火山在活动。

"麦哲伦"探测器还见到了金星表面上数以千计的地层裂缝、已经凝固的熔岩河流以及众多的山脉盆地。

现在科学家们已经绘制出了金星的表面图。重要的地貌都以女神的名字来命名。例如靠近北极的一个高原便称为伊斯达尔高原——这是古巴比伦的丰收女神，同时也是爱情和战争的女神。还有阿克娜山。阿克娜是墨西哥神话中的女神。此外，还有以已逝的著名妇女名来命名的，如两个环形山分别命名为莉莎·梅特娜（奥地利物理学家，1968 年去世）和萨福（古希腊女诗人）……

可惜，初衷——一律以女性名命名，以符合"维纳斯"的身份——并未能贯彻始终，那 12000 米的最高峰后来被命名为麦克斯韦，一位英国男性物理学家的名字。不过它也还是目前金星上唯一以男性命名的地形。

金星卫星哪儿去了

金星的地形很像地球，但是它却没有磁场。所以，宇航员将来如果有办法踏上金星表面是不用带罗盘的，因为它在金星上不起作用。但奇怪的是，金星大气中也存在着类似我们地球上极光那样的辉光，形成的原因至今不明。

在诸多的金星之谜中，最令人不解的是它的卫星之谜。

现在所有的天文书籍，不管是教科书还是科普读物，在谈到金星时总认为它的天然卫星数是"0"。

然而在历史上却不是这么回事。300 多年前，即在 1686 年 8 月，法国著名天文学家乔·卡西尼郑重宣布，他发现了金星的一颗卫星。卡西尼家族是 17 — 18 世纪四代相继的天文学家族，乔·卡西尼是第一代，也是成就最大的学者。他 1625 年生于意大利，25 岁就当上了天文学教授。1669 年，法王路易十四慕名把他请到巴黎筹建巴黎天文台并担任首任台长。1673 年，48 岁的卡西尼加入了法国国籍。

巴黎天文台是世界上第一座装有望远镜的现代天文台，乔·卡西尼则是那个时代蜚声世界的最精细、最卓有成效的观测大师。在 1666 年时他就测出了火星的自转周期（其结果与现代值仅差 3 分钟），发现了木星的扁率及一些木星的大气现象，画出了火星的极冠。在巴黎天文台，他最大限度地利用和发挥了台里那些当时堪称世界第一流的大型望远镜的作用。他描绘的月面图质量之高，在一个多世纪中无人超越。他利用火星大冲测到的太阳视差（并由此求出天文单位的长度），使太阳系顿时扩大了 20 倍，因而使全世界天文学家大吃一惊。他还测出了木星的自转周期，发现了土星光环中的间隙——卡西尼环缝。

乔·卡西尼更是一个发现卫星的专家。在他以前，除了伽利略发现了 4 个大木卫（称伽利略卫星）外，仅有荷兰的惠更斯发现了土卫六（1655 年），那几颗都是太阳系中最大的卫星。而乔·卡西尼则先后发现了很难寻找的土卫八（1671 年）、土卫五（1672 年）、土卫四（1684 年）及土卫三（1684 年）。应当说，他在寻找发现卫星方面是有着丰富的经验的。他声望很高，决不会草率行事。

乔·卡西尼对这个新发现的"金卫"进行了多次观测，并且测出了它的直径是金星直径的 1/4 左右。这个比例与月、地之比相差不多。根据他公布的金星轨道数据，当时也确有不少人观测到了这颗卫星，以至到 18 世纪时，金星卫星似乎已成为定论。1740 年（乔·卡西尼已去世 28 年），英国一位制造望远镜的专家肖特报告他见到了金卫。1671 年，蒙太尼也对金卫进行了多次观测，并留下了不少详细的观测记录。接着德国数学家拉姆皮特还重新计算了金卫轨道，认为其轨道半长径是 40 万千米，绕金星的公转周期为 11 天 5 小时。直到 1764 年，还有 3 位天文学家（2 位在丹麦，1 位在法国）报告过他们观测到金卫。可是，从此之后，竟再也无人见到它了。

金卫在人们的观测中"存在"了 78 年，现在却没有丝毫踪迹。现在的望远镜比卡西尼时代的威力大了几十万倍，而且又有了能穿云破雾、撩开金星面纱的射电望远镜和雷达，若干艘宇宙飞船还造访了金星，它们一致证明：金星没有卫星。

那么在卡西尼时代是否真有卫星呢？难道这许多天文学家的观测都是幻觉吗？倘若相信乔·卡西尼，那么金星的卫星为什么会在 200 年前突然消失呢？有什么巨大的能量能把一个半径约 1500 千米、质量达几千亿亿吨的"金卫"一下子"消灭"干净呢？这简直是不可思议的事。所以，天文界至今仍有两种水火不容的观点：一是根本否认金卫的存在，一是认为它的确存在过，但后来因某种尚不清楚的原因，例如被其他天体吸引，卫星挣脱了金星的控制而飞走了。

凌日引发的喜剧

行星绕太阳公转的轨道面一般与黄道面（地球轨道面）斜交，这两个交点分别称为升交点和降交点。当内行星的下合正好发生在两个轨道交点附近时，则地球、内行星和太阳三者几乎位于一条直线上。从我们地球上来看，即是凌日（相当于"日食"，只是内行星视面太小，不能遮没太阳而已）。

凌日是内行星的特有现象。水星或金星凌日时，我们可以看到一个小小的黑点，从太阳圆面上缓缓由东向西慢慢而过——当年，开普勒就曾把太阳黑子当作了金星凌日。

凌日要同时满足上述两个条件，所以是极为罕见的天文现象。大致说来，水星的凌日平均每世纪发生 13 次，而金星凌日更少，约每 243 年发生 4 次，最近和将来的凌日情况可见表 3。水星的凌日都在 5 月、11 月，金星的凌日则都发生于 6 月、12 月。

上一次水星凌日发生于 2006 年 11 月 9 日，下一次则将在 2013 年 11 月出现。

现在所知的金星凌日的最早记录出自阿拉伯科学家之

手。知识渊博的法拉比为我们留下了珍贵的资料。他曾在一张羊皮纸上写道："我看见了金星，它就像太阳面庞上的一颗胎痣。"据现在考证，那是发生于公元 910 年 12 月间的一次金星凌日。

表 3 金星凌日（每 243 年 4 次）

凌日时间	与上次间隔（年）	位于轨道位置
1761 年 6 月 5 日	121.5	降交点
1769 年 6 月 3 日	8	
1874 年 12 月 8 日	105.5	升交点
1882 年 12 月 6 日	8	
2004 年 6 月 8 日	121.5	降交点
2012 年 6 月 6 日	8	
2117 年 12 月 10 日	105.5	升交点
2125 年 12 月 8 日	8	

20 世纪水星的 13 次凌日

凌日时间	与上次间隔（年）	位于轨道位置
1907 年 11 月 13 日		
1914 年 11 月 7 日	7	升交点
1924 年 5 月 7 日	9.5	降交点
1927 年 11 月 10 日	3.5	升交点
1937 年 5 月 11 日	9.5	降交点
1940 年 11 月 12 日	3.5	升交点
1953 年 11 月 14 日	13	
1957 年 5 月 6 日	3.5	降交点
1960 年 11 月 7 日	3.5	升交点
1970 年 5 月 9 日	9.5	降交点
1973 年 11 月 10 日	3.5	升交点
1986 年 11 月 13 日	13	降交点
1999 年 11 月 15 日	13	升交点

　　凌日观测是很有意义的事。在 17 世纪时，英国天文学家哈雷曾提出可以用金星凌日来测定太阳的准确距离。可惜哈雷生不逢时，在他 86 岁的一生中（1656 — 1742）竟未遇上金星凌日的机会，他的设想于 1761 年及 1769 年由别人实现。

　　1761 年的凌日还有很多观测者，其中一个佼佼者就是俄国著名的学者罗蒙诺索夫。他见到金星进入和离开日面的时候，日面的圆边都会抖动一下，很像缺了一块。他意识到，这是金星大气层的折射所造成的——人类首次知道了其他行星也有大气。

　　1874 年的金星凌日观测也为人类立了一功。那次凌日发生时，美国正处于深夜，所以美国天文学家华生决定来到中国进行观测。10 月 10 日，华生已在北京支起了一架望远镜。为了熟悉环境，他先在夜间观测星星。不几天，他在双子座中发现了一颗陌生的 10 等星。几小时后，它已稍稍移动了一点位置。于是华生意识到他发现了一颗新的小行星——第 139 号。华生对这意外的收获分外高兴，他向清王朝申请为他的小行星命名："我恳请帝国的摄政者恭亲王赐予它一个恰当的名字。"华生在给友人的信中写道："后来清朝的一个高级官员带给我一个文件，文件的内容即是这颗新行星的名字。但他同时附带传达了一个口头要求——只有在'钦天监'（中国官方的天文机构）向皇帝呈上发现并命名这个行星的报告后，我才能在中国公布这个名字。后来我才了解到，如果不这样做，那些官员将要失宠而遭殃。由恭亲王确定的这个名字叫'九华'，即'中国的福星'之意。"

不怪凌日，也怪凌日

　　正因为凌日的机会十分稀少，又有相当的科学价值，所以许多天文学家如追逐日全食那样，决不轻易放弃一次百年不遇的机会。

　　18 世纪中叶，人们为了证实哈雷提出的方法，都在急切地等待着 1761 年的凌日。其中有一位名叫纪尧姆·勒让提的法国天文学家尤为热切，他决心在这次凌日观测中一显身手。但这次凌日法国见不着，最好的观测地在中国和印度，于是他准备到印度的庞迪契里去，因为当时那儿是法国控制的殖民地，而从气象资料分析，那儿6月份几乎没有阴雨天，真是个理想的观测点。

勒让提做了精心准备，并提前一年启程。可是不料英法之间爆发了战争，海路被封锁了，勒让提无奈，只好绕道辗转到达了印度。谁知刚到庞迪契里，那儿已被英军占领，军事当局绝不让敌国的人员登陆……绝望的勒让提只得在海上进行观测。6月5日，他在船上架起了望远镜，可是印度洋上的风浪却使船只晃动不已，勒让提在站立不稳的条件下得到的观测资料自然只能是一堆废纸。

但科学家是从来不怕失败的。勒让提知道，8年之后的凌日这儿仍是理想的观测处。于是他决心留在印度。不久战争结束，勒让提踏上了庞迪契里的土地。他做好了长期坚守的思想准备，在那儿修建了观测站，广泛与当地居民接触交往，学习当地人民的语言，了解那儿的民俗乡风，还孜孜不倦地研究了当地的气候、潮汐及印度天文学，因而与当地群众结下了深厚的友谊。

1769年来了。他满怀信心、按部就班地进行着必要的准备工作，一切都井井有条，而且五月份的天气都相当好。可是偏偏就在6月3日，金星走进日面前的十几分钟，突然间老天变脸，一时间风起云涌，电闪雷鸣，一场倾盆大雨把勒让提浇得像个落汤鸡。阵雨很快过去，但金星也已走出了日面，凌日已结束了。

老天爷这个恶作剧真是太残酷了，勒让提对着这雨过天晴的骄阳，呆在望远镜前，一时竟不知所措。因为他知道，下一次的机会，再也轮不到他了。这意外的打击使他心灰意懒，终于病倒在床，幸得当地居民的悉心照料，他才逃脱了死神的魔掌。

1771 年，勒让提只得双手空空返回故土，可是谁知祸不单行，因为几年来他的家属从未收到过他的音讯，以为他早成了异乡之魂，所以亲属们瓜分了他的财产，连科学院院士的位置也被他人补缺了。

他一怒之下向法院递了诉状。可是尽管法院承认从法律观点上讲勒让提还活在人间，但他还是败诉了，不仅无法追回失去的一切，还得负担高昂的诉讼费用，弄得几乎不名一文。

好在勒让提的最后结局差强人意。他的不幸遭遇得到了一位小姐的同情和爱怜，最后两人结了婚。勒让提开始了新的生活，并撰写了两本关于印度风情民俗的书，重新成为了一个著名人物。

从"金星"到"麦哲伦"

登月是了不起的壮举，但与宇宙航行相比，又算不上什么了。在浩瀚的宇宙中，38 万千米算得了什么呢！人们又把目标转向了行星，而离地球最近的金星则是探测的"头号种子"。

在人们研究登月的同时，探索金星的计划亦酝酿成熟了。然而，金星探测伊始却"出师不利"。1961 年 2 月 4 日，苏联向金星发射了一颗重 640 千克的"实验卫星"，开始它顺利地进入了绕地球的轨道，可是当火箭再次启动时失去了控制，在 2 月 26 日坠毁了。接着又有三艘探测器出事：1961 年 2 月 12 日苏联"金星"10 号飞船无线电设备失灵，飞出去后杳无音讯；1962 年 7 月 22 日美国发射"水手"1 号的火箭爆炸；1962 年 8 月 25 日苏联一艘搭载飞船的火箭失控，不过此消息未正式发表……

直到 1962 年 8 月 27 日美国发射的"水手"2 号飞船才取得了部分成功。这颗仅重 203 千克的探测器经过 111 天的飞行终于在同年 12 月 24 日飞抵金星区域，在离金星 36000 千米远的地方拍摄了许多"特写镜头"，并首次向地球发回了金星大气的有关资料，从而证实了 1956 年射电探测得到的结论：金星不是生灵的天堂，而是一座高温大火炉！

金星表面上有些什么呢？只有派飞船深入到大气底层才能得到第一手资料。第一次尝试完成这个任务的是苏联的"金星"3 号（因苏联对失败的飞船隐而不宣，故实际上应是第 9 号）。它于 1966 年 3 月 1 日到达金星，可在向金星大气中降落时无线电设备又出了毛病，从此没有下文，没向地球发回任何有用的资料。

真正实现金星着陆的是"金星"7 号。它于 1970 年 12 月 15 日成功地降落在金星的背阳面上，并弹出了一个帽子

状的着陆舱，用降落伞降落。这个舱着陆后在灼热的环境中仅工作了 23 分钟，但发回了金星的第一批表面景象图。

要在金星上工作，飞船设计制造的标准很高。例如美国 1978 年 8 月 8 日发射的"先驱者－金星"2 号在 12 月 9 日到达金星后向金星表面放下了 4 个探测器。它们均有耐烧蚀的碳酚挡热罩保护着，仪表的窗孔使用了昂贵的蓝宝石，其中一个红外辐射计的窗孔是用 13.5 克拉的金刚石制成的。即使这样，它们的工作寿命也不能维持很久。

　　把金星探测推向新高潮的是美国发射的"麦哲伦"金星探测器。1989 年 5 月 4 日，"亚特兰蒂斯"航天飞机在入轨 6 小时后便把它弹射了出去；经过一年多的长途跋涉，它终于在 1990 年 8 月 10 日到达金星上空。它沿着金星的子午圈飞行了好几年，直到 1994 年 10 月 12 日才"鞠躬尽瘁"，为此行画上了圆满的句号。它拥有十分先进的探测仪器，离金星表面最近时只有 249 千米，这使它足以看清金星表面 250 米以上的细节。4 年来它已获得了金星表面 99% 的三维立体像。粗粗看来，金星的地貌与地球似乎相差不大，有平原，有山峦，也有火山及一些陨石坑。但分析表明，在三五亿年前，那儿发生过一次全球性的巨大灾变。现在金星上所有表面特征的"年龄"都只有约 4 亿岁——与 60 亿岁的行星年龄相比，显得很不相称。4 亿年前究竟发生了什么事？这是目前人们正在苦苦追索的不解之谜。

　　事隔十多年后，欧洲空间局于 2005 年 11 月 9 日发射了价值 3 亿欧元的"金星快车"探测器。经过 5 个多月 4 亿多千米的飞行，它于 2006 年 4 月 11 日进入绕金星的轨道，并于第二天发回了它所拍摄的金星照片，从中可见为硫黄酸云厚厚覆盖的金星南极区，其间还有一个黑色的旋涡。它距金星表面最近时只有 250 千米，每 24 小时绕金星转一圈。2011 年 1 月"金星快车"号探测结果证实金星阴面有一层薄薄的臭氧层。2012 年 4 月，"金星快车"观测到金星上的"磁重联"现象。2015 年中期的某一时刻，它将坠入金星毒云。

├ 最像地球的星——火星

位于地球轨道外侧的近邻是颗星光荧荧如火的红色行星——火星。它不是内行星，所以能在繁星中乱窜，中国古人称其为"荧惑"。一旦它运行至心宿（天蝎座）、出现了"荧惑守心"的天象，则会引起朝廷的慌乱。

不过关于火星最热门的话题是有关"火星生命"的争论，不仅科学家常为此激动万分，就是一般民众也表现出极大的关注，有时文学家、艺术家也会发表他们的意见。如我国文学大师老舍在 1932 年发表的小说《猫城记》，其梗概便是：在一次外太空旅行时，因飞机在火星上空失事，"我"成为唯一的幸存者流落在火星上，在那儿游历了 20 多个国家……小说中的"火星人"长着一副猫脸，他们对金钱贪得无厌，垂涎三尺，对女人则拈花惹草，风流不已，而年轻的一代胸无大志，只迷恋外国洋货，一味仿效外国人的怪腔。那儿的君王也是专制骄横、独断专行，大臣们是尔虞我诈、钩心斗角……

"战神"的风采

发出特殊红色光芒的火星在
星空中穿梭般地来回走动时光芒
明暗相差很大：最亮时，比天狼
星还亮三四倍；最暗时，仅比北
极星稍亮一些。11 世纪时，我国
宋代大科学家沈括和卫朴二人曾
仔细研究过火星的运动，留下了
许多观测资料。可以说，他们是
世界上最早研究火星视运动的天
文学家。

在西方，古罗马称火星为玛尔斯——一个八面威风的
战神，在希腊神话中则称阿瑞斯，其红光是因战火和血污
所致。这个逞强好斗、不太受人欢迎的战神手下有"五虎
将"——"惧怕"、"恐怖"、"争斗"、"骚乱"及"城市摧毁
者"。在天文学中，火星的符号是"♂"，这个符号中的箭
头就是他的武器。有趣的是，这个符号在生物学中与"♀"
恰成一对，分别表示两性。"♂"代表了雄性的刚强和
粗犷。

火星及更远的其他 4 颗行星合称为外行星，因为它们
都在地球轨道之外绕太阳运动。它们不会有像内行星那样
的位相变化，也不会有凌日，当然也不受早晚出现的限制。
它们可以出现在夜间的任何时候、黄道附近星空的任何

区域。

外行星在轨道上运行时有与内行星类似的特征方位。例如，它也有"上合"，这是外行星与地球分居太阳两侧、两者相距最远且无法观测的时刻（其与太阳一起东升西落，出现于白天）。当外行星与太阳在天际上相距 90° 时，称为方照。在太阳东 90° 称东方照，在太阳西方 90° 称西方照。在东方照的日子里，太阳下落时，外行星出现在南天星空中，一直到半夜时才没入西方地平线。相反，当处于西方照时期，外行星在子夜时刻从东方地平线升起，待它升到南方快中天时，即是黎明了。所以在方照时，可在半个夜晚观测到它们。

当外行星运动到与上合相反位置，正好使地球处于太阳与外行星中间时（但因行星轨道面不在同一平面上，所以三者并未成一直线），这种位置称"冲日"，简称"冲"。冲日时，倘有宇航员站在外行星上看地球，则地球就是"下合"。外行星冲日时期，它们离地球较近，而且整夜都在星空中。太阳西落时，它即升出东方地平线；在子夜时它正好在南边中天；待到它从西方下落时，东方已是朝霞满天了。

火星每隔 780 天发生一次冲日，这时它离地球的距离大致是两者轨道半径之差，平均为 7860 万千米。但火星绕太阳运行的轨道比地球扁得多，所以倘若冲日时火星又恰在其近日点附近，则火星与地球的距离可近到 5500 万千米左右，这种冲称为"大冲"；发生在 2 月前后的冲日称小冲，因为那时火星正位于离太阳最远处。例如 1980 年 2 月的一次小冲，火星离地球仍有 1 亿千米以上。平均而言，火星每 15～17 年间出现一次大冲。上两次的大冲发生于 2003 年 8 月及 2005 年 11 月，2003 年的那次大冲时火地间仅距 5600 万千米，是近 5 万年来的最小值。下次大冲则要到 2018 年 7 月了。

火星大冲时显得特别明亮，而且整夜都可观测，是观测的最佳时机。在空间探测以前，人类关于火星的知识几乎都来自于大冲期间对它的观测。

太空中的"地球模型"

望远镜问世之后，观测火星是天文学家的常事。因为除了金星之外，火星离地球最近。且金星一直被浓云遮住，无法见其庐山真面目，火星则并不那么遮遮掩掩。

人们发现，火星简直是地球的一个"模型"。首先，它的自转周期仅比地球长约 41 分钟，因此，"火星日"与我们的 1 天仅差 39 分 35 秒。地球自转轴的倾角是 23°27′，而火星自转轴的倾角是 23°59′，也只有半度之差。由此可知，在火星表面上也可以划分"五带"（热带、南北温带及南北寒带），也存在着与地球类似的四季循环。火星上的"1年"为 687 个地球日，相当于我们的 1.9 年，所以它每一季的长度也比我们长，平均为 172 天左右。

火星接收到的太阳光和热不到地球的一半，所以它的夏天（即使在赤道上）并不炎热，它的冬天却冷得可怕。

据测定，火星热带（赤道区）上的温度变化在 20～-80℃ 之间，在它最冷的两极区，即使在夏天温度也在 -70℃ 左右，冬天则可降到 -140℃。根据"哈勃"太空望远镜的观测，近 20 年来火星上的气候已有了明显的变化——云层变得更厚，气温也下降了许多。1997 年 7 月登上火星的"火星探路者"告诉人们：火星白天的温度是 12℃，到夜晚降到 -76℃ 以下，而且在几分钟甚至几秒钟内，温度的变化可达 17～22℃，气压也随之大起大落，所以火星上谈四季其实并没什么意义。

从望远镜中看去，火星的两极始终为白色的物质所覆盖。雪白的极冠自然会使人联想到地球南北极的积雪与冰山。而且，随着季节的变化，这两个极冠也此长彼消，可见那里一定有冰雪存在。

火星上有大气层。火星大气层并不像金星大气那样令人毛骨悚然。只是它比地球大气更稀薄，很像地球上的高山地区。

因以上原因，人们把火星看作天空中缩小了的地球模型，有人干脆称火星为"天空中的小地球"，甚至相信火星上也有智慧生物。

然而随着研究的深入，人们发现这仅是一厢情愿的单相思而已。火星与地球的差别很大。火星的赤道半径为 3395 千米，只及地球的 53%，体积还不到地球的 1/6，质量只有地球的 1/10，重力加速度是地球的 1/3 多一些（地球上重 100 千克的物体到火星上只重 38 千克）。火星的大气稀得可怜。现代手段测得火星表面的大气压仅 7.5 毫巴，相当于 7‰ 标准大气压，即与地球上 30～40 千米的高空处相当。

20 世纪 50 年代，美国天文学家柯伊伯等确定火星大气中的主要成分是二氧化碳，约占 95%，其次为氮（3%）、氩（1%～2%）。生物所需的氧极少，与一氧化碳中的氧合起来也不过占 0.1%，这与我们赖以生存的大气几乎没有什么相似之处。

火星大气中的水分极少，大约占万分之一。即使把它完全萃取出来，也只有区区 4 亿吨，这些水还不及太湖的 1/10，把它铺在火星表面上，只能形成一层"水膜"，其厚度仅 0.01 毫米！火星的极冠与地球两极的冰雪也不同，它的主要成分是干固态的二氧化碳。极冠中当然也含有水结成的水冰，但数量不多。科学家估计，倘若把极冠中的水冰全部融化成水，至多也只能形成一个 10 米深的大海。火星是一个满目荒凉的不毛之地，表面上找不到任何一滴液态水。这与我们地球表面 3/4 都是波涛不绝的大海相比，简直是天壤之别。

火星的地形构造不如金星那样与地球相似，而是有许多环形山，尤其在火星的南半球，虽然不像月球、水星上那么多，但为数也是不少。

因此，火星与金星一样——跟地球都是"貌合神离"，只是一个不太相称的"孪生兄弟"而已。

火星上发生的新故事

到目前为止，至少已有几十艘飞船光顾火星上空或降落于火星表面之上，加上雷达等各种手段的探索，今天人们已有了很详尽的火星表面地形图。火星的南北两半球有很大的差别：北半球比较平坦，间或有些死火山，平均高度比南半球低 4 千米左右。而南半球比较古老，环形山很多。由于受到较严重的风化侵蚀，环形山的边缘不锐利，坡度也平缓些。因为火星比月球大得多，所以直径 20 千米以上的环形山仍有 6000 多个，其中有 190 座的直径超过了 100 千米。

从大小比例及整个特征来看，火星环形山可能有两种完全不同的起因：一是陨石的轰击，一是火星内部火山活动。火星表面现在还可找到许多死火山，例如在它表面位置北纬 18°处便耸立着一座迄今所知太阳系内最大的火山——奥林匹斯山，它那圆圆的火山口直径达 600 千米，差不多可以把整个浙江省放进去。其主峰的高度为 26 千米——几乎是地球上珠穆朗玛峰高度的 3 倍。

火星的南半球上还有众多的峡谷深沟。最著名的"水手谷"位于赤道附近，它延伸长度达 5000 千米，最深的地方陷入地表 6 千米，可把昆仑山投下去，最宽处有 200 多千米。金星上的峡谷与水手谷相比，不免相形见绌了。

谁都知道，UFO 是当今世界最能让人激动的科学悬案之一。自 1947 年首次发现至今，世界各国每年都能收到成千上万件"目击报告"以及有关的照片、录像等资料。

地球上的 UFO 已经让人心迷目眩，现在国外又传出了火星上也冒出了一个 UFO！据英国广播公司（BBC）2004年 3 月 18 日报道，美国的"勇气号"火星探测器在研究火星大气时意外地拍到了一张从火星上空飞过的小飞行物（UFO）的照片。显然这也是  从另一颗行星上看到的第一个 UFO。事实上，"勇气号"捕捉到这个画面非常偶然，虽然它在火星上着陆已有几十天了，但却很少有机会将镜头对准太空。在这一次"勇气号"上的全景照相机的绿色滤光器观察火星天空、研究火星大气时，这位"可以滚动的地质学家"获得了意外之喜，捕捉到了正穿越火星桃色天空的"条纹"。

这个 UFO 是什么？美国航空航天局的科学家称，它也许是当时火星天空中最明亮的物体。如果这个 UFO 不是流星，那么它极有可能会是仍在绕火星运转的 7 艘被废弃的太空飞船中的 1 艘。德克萨斯州的马克·莱蒙博士说："我们可能永远都不知道它到底是什么，但我们仍在积极寻找线索。"

从这个不明飞行物的运行轨迹来看，科学家认为它不是俄罗斯火星探测器"火星 2""火星 3""火星 5"或"火卫一"，也不是美国的火星探测器"水手9"。如此一来，只剩下1976年登上火星的美国的两艘探测器——"海盗1"和"海盗2"的发射飞船，它们至今仍在轨道中飞行，都有可能会产生像"勇气号"看到的飞行如此之快的运动类型。此外"海盗2"发射飞船的运行轨道、运行方式也符合不明飞行物南北方向的飞行轨迹。因此，如果不明飞行物真是被废弃的太空飞船，那么它极有可能就是当年运载"海盗2"的飞船。无论如何，"勇气号"捕捉到UFO这本身已经够幸运了，别忘了，"勇气号"的主要任务可是研究火星表面的岩石和土壤、探查火星上是否有水或生命的迹象。

如今新的火星探测器"勇气"与"机遇"相继再度登上火星表面，在经过700多天的勘测后又发现了众多新的地标和勘测点；更重要的是，这次探测计划有两位华裔科学家王阿莲和李荣兴参与其中，在他们的积极努力与坚持下，这次新地名的命名中我国所占的比例有了大幅度的提高，占了30多个席位。除了嫦娥外，还有女娲、伏羲、精卫、神农、愚公、盘古、燧人、仓颉、嫘祖、后羿、刑天、夸父、共工、吴刚；也有一些古代的圣贤：尧、舜、禹、张骞、郑和；地名中也虚实并举：有实实在在的黄河、泰山、敦煌、莫高窟、鸣沙、玉门关、罗布泊、丝绸之路等，也有神话中的广寒宫、不周山。

相信随着我国航天事业的迅速崛起，国力的不断增强，将会有越来越多的华人登上"宇宙名册"。

差之毫厘，谬以千里

火星"帮助"不少天文学家获得了声誉。当年，乔·卡西尼测定了火星的自转使他名声大振，法国国王仰慕其名而把他请到巴黎。1672 年他又利用火星大冲的机会首次测出了太阳的视差角，得到了第一个科学的日地距离值。德国天文学家开普勒则从火星的运动中发现了改变整个天文学框架的行星运动的三大定律。

1877 年夏，火星又值大冲。这次大冲又使两个天文学家蜚声天下。一个是发现了两颗火星卫星的美国人霍尔，一个是意大利布雷拉天文台台长夏帕雷利。

夏帕雷利是专门研究行星表面的天文学家，25 岁时就成了该台台长。他曾画出了世界上第一张水星表面图（尽管并不很准确）。1877 年，42 岁的夏帕雷利把望远镜对准了火星，作了连续几个月的观测……

不久他发表了结果。他宣称，尽管极其模糊不清，但

火星表面上确实存在着复杂的"Canali"。在他画的火星表面图中，有两条 Canali 几乎平行地延伸数百千米。

"Canali"在意大利文中原意为"有规则线条"，偶尔也有"沟渠"的意思，英文中最恰当的对应词汇应是"Channel"。哪知到了那些最爱猎奇的新闻记者笔下，把"Canali"译作了"Canal"。这一改，真说得上是"差之毫厘，谬以千里"了，因为"Canal"在英语中的意思是"人工开凿的河道"，即是运河之意。于此引发了一场持久的争论。

其实早在 1869 年时，罗马有个爱好天文的塞奇神父就发表过有条纹的火星图，而且"Canali"一词也最早出于他的笔下，但当时没有引起广泛注意。这次，天文学家（包括一些英、法、美的天文学家）异口同声大谈起"Canali"来，影响就非同一般了。尤其经过媒体的渲染，"夏帕雷利的惊人发现！意大利天文学家在火星上发现了大运河"之类的头条新闻不胫而走。夏帕雷利本人也名扬天下，"夏帕雷利服"一度畅销欧洲，成为人们争相购买的时装。夏帕雷利对此则持模棱两可的态度，他说："出于谨慎，我不去参与对这种并非绝不可能的假定（即火星"智慧生物"问题）的争论。"同时，他强调，"火星上的图形具有绝对的几何精确性，宛如是用直尺和圆规绘出来的"。

对于这项激动人心的发现，天文学家也泾渭分明地形成了两派：多数人认为这是哗众取宠的宣传，运河是人眼的幻觉，但也有一些天文学家却拿出了一张又一张观测到的"火星运河图"，这些图几乎一张比一张更加妙不可言，一张比一张更有艺术性，以致后来索性变成了纵横交叉、四通八达的"运河网系统"了。

最早支持火星上有运河的是法国天文学家弗拉马里翁，1892年他就发表论文预言火星上存在着智慧生命，而最有影响的当推美国的洛厄尔。洛厄尔原是波士顿一个富豪，曾在日本和朝鲜担任过外交官，10年外交生涯结束后便对政治厌倦起来，于是自己出资在亚利桑那一座2400多米的高山上建立了他的私人天文台（至今亚利桑那天文台仍是研究行星、卫星的权威机构之一）。

洛厄尔热爱天文学。有个眼科医生曾恭维过他的眼睛，说洛厄尔的目力是他所检查过的人当中最敏锐的。洛厄尔因此扬扬自得，决心在观测火星中大显身手。在以后的15个春秋中，他对火星作了大量的仔细的观测，拍摄的照片有几千张之多。据此，他精心绘制了大大小小共180多幅"火星运河图"。洛厄尔所描出的运河至少比夏帕雷利多出3倍！而且他认为，能否看清火星上的那些运河正是鉴别天文学家观测技能好坏的"试金石"。

洛厄尔还身怀写小说的技能，1895年他出版了《火星》一书，后来又陆续写出了《火星和它的运河》（1906年）及《火星，生命的居住地》（1908年）等深有影响的著作。他认为，"火星表面上缺水，智力生物为了生存，就必须努力发展水利设施，这就是火星上有众多运河的原因所在"。

　　火星是那么遥远，即使在大冲期间距地球也有 5000 多万千米，那些运河居然能被地球上的人类观测到，可知至少要有几十、几百千米宽。想当年花了 10 年时间开凿出来的苏伊士运河不知耗费了多少人力物力，而它长不过 160 千米，宽仅 180～200 米。这样一比，"火星人"该有何等高超的科学和发达的技术啊！人类还不能望其项背，只能自叹弗如了！

"'火星人'打过来了"

　　从 19 世纪末开始，奇形怪状的"火星人"开始出现于文学作品之中，描写"火星人"的报刊销量猛增。火星人成了科学幻想小说的主角。"火星人"的模样则由作者充分发挥想象力来塑造：有的是看不见的幽灵似的怪物，有的长着三头六臂，有的像章鱼一样身上长有许多触手……

　　英国乔治·威尔斯的科幻小说《宇宙战争》出版后，"火星人"几乎变得家喻户晓了。威尔斯是与法国的儒勒·凡尔纳齐名的科幻小说的先驱者，他笔下的"火星人"虽然四肢无力，却有超人的智慧、发达的科学技术，他们生性古怪、凶残无比。书写得非常吸引人，后来又改编成了电影《大战火星人》。影片中描写"火星人"为了寻找一个水源充足的乐园，决定征服地球。当"火星人"的远征军来到地球后，他们立即凭借手中的先进武器横冲直撞，地球人仓促组成的联合部队简直不堪一击，很快被侵略者一一缴了械……

1938 年 10 月，根据该部电影改编的广播剧在美国播放时曾引起了骚乱：不少人忘记了播放前的说明（也有人是从中间收听的，根本未听到它），逼真的艺术效果使很多人对故事信以为真，因而一时间搞得人心惶惶。在剧中所说的"火星人"登陆处新泽西州，道路被挤得水泄不通，远方的好奇者不辞劳苦，如潮水般地从四面八方涌来，以一睹"火星人"容貌为快。而"登陆处"附近的居民则争相逃离现场，有些胆小的人甚至吓得自杀了！1988 年冬，新泽西州一个小镇上居然仍有 1000 多个居民举办了"火星人登陆 50 周年纪念会"，盛况空前。而全美国公共广播电台还在星期天重播了 50 年前的那个剧本——当然为了防止意外，这次事先作了详细的说明。

在那个年代，无论是业余无线电爱好者还是专业的电讯机构，只要一收到暂时来源不明的无线电讯号，他们往往首先想到是不是"火星人"给我们的"问候"，总要花费不少工夫企图"破译"这些乱七八糟的微弱信号……

当然，更多的天文学家对此不以为然。他们指出，主张有"火星人"的人彼此画出的"运河图"大相径庭，几乎没有两张完全相同的。这些天文学家也用望远镜观测，却常常见不到这种理想化的图案。所以他们认为，所谓"运河"只是在极限情况下人眼产生的光学幻觉而已。

"运河"的神话直到 1965 年才最终结束。那年 7 月 15 日，美国的"水手"4 号飞船（发射于 1964 年 11 月）首次从离火星 9850 千米处飞过。它向地球发回了 21 幅火星近距照片，人们首次见到了火星上的环形山，从而恍然大悟。原来所谓的"运河"只不过是排成一线的大小环形山而已。

空间探测的最新资料表明，火星表面上虽然不存在人们津津乐道的"运河网"，但确确实实存在着许多奇特而神秘的"河床"。从照片来看，这些干涸了

火星上哪有运河？

的河床纵横交叉，主流支流相连，多得不可胜数，至少有几千条之多。最大的主流长 1500 千米，相当于北京到上海的路程，宽也达几十千米。

关于河床的成因，过去有过激烈的争论，但随着 1997 年"火星探路者"的登陆，已经没有人再怀疑在几十亿年前火星上曾发生过巨大的洪水。"探路者"所降落的"战神谷"内，大小巨石都很光滑，重心偏向一边，明显是汹涌无比的洪水造成的。美国科学家形容，其规模相当于"北美洲中部五大湖区的水在两周内全部涌入了墨西

wow！

哥湾，或者说相当于地中海的水量——每秒 100 万立方米!"其场面真是惊心动魄。

真是"太空博物馆"吗

1957 年 10 月 4 日，苏联成功地发射了人类第一颗人造地球卫星——"卫星"1 号，全世界都惊异地望着那个在太空中闪闪发光的第一个人造"小月亮"。

1 个月后，苏联的"卫星"2 号又顺利升空，它把一只小狗送上了天，得到了在太空中有关生物情况的首批珍贵资料。

1959 年新年伊始，苏联发射的"月球"1 号飞船首次到达月球附近。同年 9 月 13 日，苏联的"月球"2 号成功地在月面的奥多利卡斯环形山附近实现了"硬着陆"，这是月面零距离接待的第一位人类"使者"……

苏联的一系列空间探测成就轰动了科学界，产生了难以估量的政治影响。在强大舆论的压力下，美国总统肯尼迪于 1961 年宣布："要在这 10 年内把苏联人击败在月球上。"

在 50 年代，在空间科学上苏联处于遥遥领先的地位。苏联人发表的有关论文和著作，谁也不能不刮目相看。

1958 年，苏联一位名叫谢克洛夫斯基的天文学家突然发表了一篇使世界哗然的文章。文章宣称，根据他对火星两个卫星的观测和研究，他认为这两个小火卫并不是天然卫星，而是"中空"的"人造天体"。

谢克洛夫斯基教授的主要依据是，根据他的精确测定，两个"火卫"的运动中有人造地球卫星特有的一种"加速现象"，该教授分析，造成火卫二运动加速的

原因是火星大气的阻力。但从人造卫星理论可算出，火星稀薄的大气要造成如此明显的影响，必要条件是火卫的质量很小；而根据这样小的质量和卫星的大小，推算其平均密度只能比空气还小（为水的千分之一）。这样，火卫必然是"中空"的。一颗内部空心的卫星绝不会是大自然的产物，只能是高度智慧和科学技术的结晶。他进一步测定后认为两颗火卫的实际大小只有1千米左右（而不是通常认为的几十千米）。它们之所以那样亮，是因为它们的表面是某种特殊金属做成的。

余下的结论不言而喻了：这两颗火卫是高度发达的"火星人"制造的"人造火星卫星"。现在那些超越我们的"火星人"，如果不是生活在火星的地下深层，一定是在火星环境变坏之前远走高飞了。这两颗"人造火星卫星"就是当年他们临别时的"杰作"。"火星人"已把他们高度文明的产物统统放进这两个"太空博物馆"内了。

还是空间探测的资料否定了这个美丽的神话。从近距离拍摄的照片看，它们哪儿像雄伟精致的博物馆。不规则的外形，疤痕累累的表面，使人联想起那些被鼠咬虫蛀的大土豆。现在我们知道，火卫的加速是因一种"潮汐效应"，加速的值也不如那位教授所说的那么大。

不过在当时的年代，谢克洛夫斯基的观点却着实吸引了许多人。因为广交朋友是人类的天性，谁不希望在茫茫太空中能发现一些"邻居"呢？何况他的理论是根据最新的人造卫星科学得到的。

百年之争重开辩论坛

为了探索激动人心的"火星生命"问题，迄今为止人类已先后向它派出了 40 多名"大使"，但最初有 12 位由于种种原因都未能"到任"，不是中途爆炸，便是"临阵脱逃"，也有的是通讯失灵而杳如黄鹤……

在 20 世纪 90 年代之前，火星探测最有成果的是美国两艘"海盗号"飞船。它们于 1976 年夏天降落在火星表面，连续工作了 6 年多，直到 1982 年 11 月才停止发回信息。"海盗号"探测器做了许多科学实验。其中之一就是探测火星的生命问题。它曾带了一碗鲜美无比的鸡汤原汁作为培养液，在周围寻找"火星生命"的踪迹。结论是：在它降落点方圆几十千米的范围内，不仅没有找到什么生命的迹象，甚至未见到任何有机物。

争论了百年之久的"火星人"问题似乎应该到此结束

了，但是事实却不然，火星生命问题还远远没有结束。

1996 年 8 月 6 日，美国航空航天局的大卫·麦凯博士在一次新闻发布会上宣布："我们相信，我们已经发现了火星过去存在生命的确凿证据。"

原来，他们在一块"ALH84001"的火星陨石中发现了两种与众不同的物质：多环芳香烃化石和磁铁矿、黄磁铁矿形成的铁化合物。一般认为前者是简单有机物质腐烂时产生的，应是微生物的遗骸。后者则是只在生物作用下才会有的产物。而且它们同时出现在这块来自火星的陨石深层内，实在意义非凡。难怪连克林顿总统也来凑热闹：

美国的太空计划将会全力以赴，以寻觅更多的火星存在生命的证据。

不少科学家更是深受鼓舞，还有人认为，既然地球上那些生态条件极为严酷、以前认为不可能有生命之处（如火山口滚烫的热泉、深海海床、永久冻土深层等），近年来都陆续发现了一些原始微生物，而火星上不少地方的条件与那些地区极为相似，那么火星上曾经滋生过生命的可能性极大，何况说不定过去火星上条件比现在好得多。英国一些科学家由于在另一块火星陨石"η－79001"中也发现了有机化合物之类的"生命的遗迹"，也认为火星上的原始生命或许至今还蛰伏在其地表深层或极冠周围的含水冻土层内。

但是对此持有异议的也大有人在，除了有人怀疑这些陨石的"身份"是否来自火星外，那些让人兴奋不已的"生命化石"本身就让人疑窦重重，这些蚯蚓状的结构实在太小了，长只有 20～200 纳米（1 纳米=10^{-9}米），要 1 千多条接起来才相当于头发的直径，根本无法对其进行解剖分析和研究。加利福尼亚一位天文学家认为，这种"生命化石"同样可以用非生命活动来解释，事实上，以往也曾多次在陨石内发现过芳香烃分子，可从未有人认为是生物性的——1998 年更有人认为这些证据可能是人为污染造成的。

还有一些人怀疑是因为美国航空航天局的结论下得太仓促，因而可信性不大。"ALH84001"是 1984 年在南极冰层中找到的一块陨石，大不过 10 厘米，重只有 1.9 千克，曾在南极皑皑冰雪中静躺了 15000 年，而且 1984 年发现后也一直默默无闻，直到 1994 年才有人开始对它作研究……这样重大的科学问题如此草率定论，使人觉得有夹杂其他因素之嫌——是否是航空航天局企图以此向国会争取更多的拨款？是否是克林顿为了竞选连任而炒作？比利时宇宙生命科学家、诺贝尔奖金获得者克·达伍就尖锐地指出："如果今年（1996 年）不是美国总统选举年，这一切会发生吗？"

由此可见，"火星生命"的问题今后仍然会不时引起波澜，看来除非人类登上火星做实地考察，否则要对这样的百年之谜作出令人信服的解答几乎是不可能的。

"探路者"谱写新篇章

苏联在"火星"系列多次受挫后，于 1988 年 7 月 7 日和 12 日，发射了两个"福波斯①自动行星星际探测器"，可是"福波斯" 1 号于 9 月 2 日就杳如黄鹤断了消息，"福波斯" 2 号虽然进入了绕火星的轨道，取得了部分成功，但突然又于 1989 年 3 月 27 日变成"断线风筝"。两次失利使得已经造好的"福波斯" 3 号再也不敢上路，无奈之下拿到了国际卫星市场去拍卖⋯⋯

美国也尝过失败的苦涩。除了多颗"水手"功亏一篑外，一颗造价高达 10 亿美元的"火星观察者"在 1993 年 8 月已到达火星附近时也突然失去了联络。这个探测器于 1992 年 9 月发射后，美国航空航天局原计划让它绕火星飞行 1 "火星年"（687 天），并发射一个着陆舱登上火星，本体部分则将资料带回地球。

鉴于这些教训，美国科学家及时改变了策略，用同样的资金建造了 9 艘小型飞船，以确保总有飞船能抵达目的地工作。1996 年美国航空航天局于 11 月 6 日和 12 月 6 日让"火星全球观测者"和"火星探路者"相继踏上征程。

---

① "福波斯"是火卫一的英文名，原意为"恐惧"。

前者虽然发射于先，但却到达得晚，于 1997 年 9 月 8 日抵达后即调整了轨道，准备继承"火星观察者"的"遗志"，绕火星转上 1 个"火星年"，完成对火星大气气候、地理环境、磁场结构、固体矿物成分等的全面探测研究，预计它发回的资料足以装满 130 张光盘。

更为轰动一时的是捷足先登的"火星探路者"。这个成本只有"火星观察者"1/5（2.66 亿美元）的探测器在太空飞行了 5 亿千米后，终于在 1997 年 7 月 4 日（美国独立纪念日）把一辆 6 轮车"旅居者"安然降落到苍莽的火星表面上。

"旅居者"重约 10 千克，尺寸为 65 厘米×48 厘米×30 厘米，6 个小轮都能自由驱动，行进的时速一般只有 1.6 千米，活像一个步履蹒跚的"机器人"。它的落地处现已正式命名为"卡尔·萨根站"[①]。它上面的 5 台激光测距仪可使它绕过巨石，避过深沟，3 台摄像机可获得 360°全景立体照片，上面的科学仪器可对岩石、土壤进行各种物理、化学分析。原先设计寿命是一星期，但实际上却在火星上活动了一个多月。它取得了巨大成功，连克林顿也专门为此发表讲话，盛赞这是"宇宙探索新时代的开始"。

"旅居者"发回的资料表明，火星的地形与地球类似，

---

①　卡尔·萨根是 1996 年底去世的美国著名天文学家，对于探索宇宙生命有卓著的贡献，他是"先驱者"上的镀金铝片和"旅行者"上的（地球之音）碟片的主要设计者，20 世纪 90 年代初曾被美国民众评为当今世界上"最聪明的人"。

土壤则大致有三类：硬质土、粉状土及细质沙土，而岩石则多姿多彩，外观上有红、蓝、白三种。美国地质学家皮特·史密斯认为蓝色岩石都处于向风的东侧，而背风的西侧才现红色，半埋在土中的石块则常呈白色，但成分不外是石英、长石和石灰石等，以致有人惊叹"没有想到它们与地球岩石这样相似"。这些资料还证明了"ALH84001"的确是来自火星的"贵客"。

更令人激动的是，"旅居者"把洪水冲刷的景象一览无遗地展示在人们眼前：无数的大小碎石乱七八糟地堆积在峡谷之中，这显然是特大洪水冲刷过的痕迹。

火星上有过洪水，说明它上面一定有过温暖湿润的时代，因而大大鼓舞了探索火星生命的科学家。

火星上的滔滔洪水哪儿去了？怎会变成今天极为干燥的荒漠？这也给人类以宝贵的启示——好好保护我们今天的地球！

"旅居者"的巨大成功使世界各国把它列入"1997年十大科技成就"之前列。值得指出的是，参与这项计划的华人科学家有好几十人，其中有负责飞船定位、转向、下降的刘登凯，"海盗号"中已崭露头角的吴贻谦（负责飞船保障），年仅28岁的李炜钧参与飞船轨道设计，更是功不可没。

进入新世纪后，美国又相继发射了"奥德赛"（2001年）、"勇气"（2004年）、"机遇"（2004年）、"火星勘测轨道飞行器"（2006年）、"凤凰"（2007年）；欧空局则发射了带着"猎兔犬2"的"火星快车"（2004年）……它们都不负众望，为探测火星作出了贡献，都找到了火星上存在过液态水的各种依据："奥德赛"在火星的南半球上发现了大面积的冰层；"机遇"也找到一个"咸海"……众多迹象再次表明，火星并不像以前人们想象的那样干燥，而是可能有着非常丰富的水资源。谁都明白，水在生命活动中具有何等重要的作用。如果火星上果真至今还有汩汩流动着的地下水，那么将来登上火星的宇航员就完全有可能在那儿找到某些"火星生物"，那又是多么激动人心的时刻！其科学意义、社会影响，恐怕是难以估量的了。

能自己发光的行星——木星

俗话说："龙生九子，各有不同。"太阳的8个子女也是如此，彼此的容貌各异、禀性不一，"身材"也像10根指头那样，各有长短。从轨道运动、距离远近分有内行星、外行星两类；然而从物理特征分，却明显可分为类地、类木两组：以地球为首的4颗类地行星个头不大，却十分"结实"，密度都较大，拥有的卫星甚少，4颗行星总共只有 3 颗卫星；而以木星为代表的类木行星则与此相反，它们个个体态庞大，可并不结实，密度与水相当，但拥有众多的卫星环绕，其中木星的卫星数就多达 63 颗！更奇特的是，空间探测的资料表明，类木行星都有环带相绕，在浓厚的大气下面，可能都是一片汪洋……

当之无愧的"行星王"

木星是太阳系 8 个行星兄弟中最魁梧的。木星的赤道半径达 71400 千米，是地球的 11.2 倍。按体积来讲，木星是地球的 1316 倍。如果把地球比作一颗小小的绿豆，木星就相当于一个中等大小的西瓜。木星的质量为 1.9×10^{27} 千克，相当于地球的 318 倍。即使把其他 7 个"弟兄"加在一起，也只是它"体重"的 40%，所以它是当之无愧的"行星王"。

不知是偶然的巧合还是其他什么原因，巨大的木星在西方被称为"朱庇特"。这是罗马神话中最大的天神，相当于希腊神话中的主神宙斯。天文学上表示木星的符号

"의"，也是宙斯（Zens）的打头字母的花写体。宙斯原是地神盖娅之子，他的大哥波塞冬是掌管汪洋大海的海神，二哥哈得斯是冥府之尊，宙斯则是专管天上神灵的"众神之父"。他能呼风唤雨，行云驾风，手中还有闪电霹雳。但他又是多情种子，到处拈花惹草，给不少仙女带来了困惑。

在我国古代，木星被称为"岁星"。木星轨道距离太阳5.2天文单位，绕太阳的周期大致为12年（11.86年），也就是说，大约12年在星空中绕过一周。用现代的说法，木星大致每年在黄道十二宫中走过一宫，故而可以用木星当时所在的星空位置来推算年份——"岁星"的名称也由此而来。

木星真是庞大无比，如果在它赤道上绕行一周，行程将达45万千米，比我们到月球的距离（38万千米）还远得多呢。人造地球卫星绕地球一圈的时间不过1个多小时（100来分钟），倘若以这个速度（8.8千米/秒）绕行木星，则将需14小时以上。

木星的质量巨大，表面的引力也相应比地球上的引力要大得多。同样100千克的物质，搬到木星上就会重达264千克。所以倘若真有"木星人"存在的话，那么他们大约都是动作迟缓的"慢性

子"，因为一举手一抬足都要比在地球上吃力得多。

木星巨大质量所产生的引力也为空间探测带来一系列问题。我们知道，登月的宇航员要离开月球返回是比较容易的，因为月球质量小，逃脱月球引力的速度（也称脱离速度、逃逸速度、第二宇宙速度等）只需大于 2.4 千米/秒即可。但到木星上，要摆脱它的引力速度需达 59.5 千米/秒以上。这个速度可让人们在一分钟内从南京到武汉打两个来回。太阳系内一些天体的逃逸速度可见下表：

太阳系内各天体上的逃逸速度（千米/秒）

太阳	水星	金星	地球	月球	火星	木星	土星	天王星	海王星
617.7	4.2	10.3	11.2	2.4	5.0	59.5	35.6	21.4	23.6

用望远镜观测木星，很容易发现它的视面是个扁圆。它的扁率为 0.0648，两极的半径比赤道半径约短 4600 多千米。要在其中塞进两个水星，才与正圆差不多。

木星的转动也比类地行星快得多，按其自转周期（9 小时 50 分 30 秒）及赤道半径不难算出木星赤道上的自转线速度为 12.66 千米/秒，这个速度比出膛的步枪子弹快 15 倍，与它绕太阳公转的速度（13.06 千米/秒）相差无几了！

木星上也有一个"大洋洲"

木星在天空中异常明亮，是除金星外的第二亮星。木星当然也是外行星，所以，除了在上合前后几十天内不易见到外，几乎常年都可见到这颗灿烂的亮星。

1609 年年底，伽利略制造了世界上第一台天文望远镜，他首先指向的天体是月球，接着就移向了木星。1610 年年初，伽利略发现了木星周围有 4 个小星——这是人类第一次发现其他行星的卫星，同时也成为哥白尼日心学说的第一个观测证据。

伽利略以后 300 多年，木星一直是用望远镜观测的最好目标。普通的天文望远镜可以很容易把木星的圆面显示出来。1665 年，乔·卡西尼发现在木星表面的南半球上有一块红色的卵形圆斑，这是有关"大红斑"的第一次记录。

木星上的大红斑很像地球上的大洋洲。这里所说的"像"，仅仅是指外形和相对位置、相对大小，除此而外，两者再也没有什么共同之处了。例如，大红斑的大小虽时有改变，但至少有 10000 千米×20000 千米，最大时可达 14000 千米×48000 千米。这么大的范围，即使把 4 个类地行星一股脑儿放进去也绰绰有余。

大红斑是木星上最显著的特征。从 1878 年开始，有关大红斑的记录年年不断。它长期存在，但大小和颜色却有明显的变化。例如在 1879 — 1881 年的几年

中，它显得特别殷红绚丽，后来渐渐"褪色"，到 1927 —
1937 年间又重新"浓妆艳抹"起来，1951 年时则呈现为淡
淡的玫瑰色。1973 — 1974 年"先驱者 10 号"驶近它时，
大红斑很醒目，但随后的六七年间又变得暗淡起来……

大红斑是什么呢？早先人们揣测它是木星固体表面上
烧红了的"熔岩湖"，后来才逐渐明白它是一种气体运动，
因为除了它的大小、形状、颜色有缓慢地变化外，它还在
沿着与赤道平行的方向慢慢移动着。现在大多数人倾向于
认为这是一个超级特大风暴似的气旋运动。从空间探测器
摄得的近距照片中看，大红斑中还有复杂的细节结构。整
个漩涡沿逆时针方向旋转，大约每 6 天转一圈。令人迷惑
不解的是，木星大气的平均温度约为 -140℃，这样低的温
度下，分子运动应当是很缓慢的，大气中何以能维持这样
大的气旋并历经几百年而不衰？这真是一个难解之谜。

在大望远镜内还可以见到木星表面上有许多平行于赤
道的明暗带纹（明亮的白色或淡黄色的区域称"带"，带红
褐色的暗区称"纹"）。木星的带纹结构很复杂，虽然它们
一直在慢慢变化，但始终不消失。这是木星的又一个表面
特征。

木星的大气层厚约 1400 千米，其成分与太阳差不多，
氢占 82%，氦约 17%，还有 1% 则是甲烷、氨等其他成分，
其密度不算大，大约只是地球大气密度的 1/5，但因为它
太厚，又有众多的带纹、云雾，所以从外面无法窥见里面
的状况。

木星的大气中有十分强烈和频繁的闪电现象，这与神话中宙斯是"雷神"是一种有趣的巧合。有人根据空间探测器的资料算出木星的闪电平均为 245 次/（年·千米^2）。地球上平均是 2～10 次/（年·千米^2），金星大气中闪电频频，可也只有 30～50 次/（年·千米^2）。如果以武汉市区的面积为 100 平方千米计，则木星的环境会使武汉人每天见到 16 次闪电，平均每 3 小时 2 次。如果你能去到木星世界，仅仅这种电闪雷鸣的场面也足以让你心惊胆战了。

奇特的"液体行星"

在一般人的头脑中，行星都像地球、月球那样，表面是坚实的大地，宇宙飞船要在它上面降落非得小心翼翼不可；倘若计算、操纵有丝毫失误，免不了要撞得粉碎。然而，在木星那儿情况却大不相同。

从木星的质量（1.9 亿亿亿吨）和体积（1.43 亿亿亿立方米）很快可以得到它的平均密度是 1.33 克/厘米^3（或1330 千克/米^3），这只是水的 1.33 倍，甚至比太阳的（1409 千克/米^3）还小。显然，如果木星也像地球那样，最轻的壳层密度有 3300 千克/米^3，那岂非要成为一个空心球？

因而，科学家认为，在它厚厚的大气层下面并不是我们熟悉的山川大陆或者荒漠谷地，而是一片翻腾不息的汪洋大海。所以通常飞往月球和火星的宇宙飞船如果冒冒失失闯进木星表面，将不是"粉身碎骨"，而是遭到"灭顶之灾"。

木星不具备通常概念中的固体表面，浓密的大气之下都是"海洋"，而且，组成木星海洋的竟不是水，而是氢！谁都知道，氢气是最轻的气体，怎么会变成液体？其实不必惊讶，说不定你身旁就有这样的实物——一日三餐烧的液化石油气不就是变成液体的气体吗？物理学告诉我们，只要有足够的压力及低温，气体就会变成液态。由于钢瓶保持着高压，石油气可以液化形态存在。木星那1千多千米厚的大气层制造的压力比钢瓶内的压力要大得多。

这个科学结论不久便得到了宇宙飞船的证实。空间探测器的资料表明，木星确实是颗"液体行星"，它的大体结构可见下表。在它那1400千米厚的大气层下面还可粗略地分为三大层：分子氢层、金属氢层及内核层。三层的情况大体如下：

木星内部状况

层 次	状态	范围（千米）（从中心算）	温度（℃）		压力（大气压）	
			内表层	外表层	内表层	外表层
分子氢层	液态	15000～70000	11000	5000	300万	几千
金属氢层	液态	12000～15000	20000	11000	1000万	300万
内核层	固态	0～12000	30000	20000	1亿	1000万

液态分子氢的表层温度很高，仅比太阳低1000℃左右。如果不是有几千大气压泰山压顶似的镇着，恐怕早就

蒸腾到太空中去了。这样看来，与木星相比，金星表面那可怕的环境已是如"天堂"般的妙了。

木星中间的金属氢层，外表看起来似乎很平静，不如分子氢那样在剧烈地翻滚，但其温度高达11000～20000℃。在这样的高温下，氢原子中的电子都挣脱了羁绊，变成了自由电子。这样的氢就像水银那样可以导电，故称之为金属氢。现在科学家们已经能在实验室中制造出这种奇特的物质了。

最有争议的是它10000多千米的核心部分。多数天文学家认为，木星应当有一个由铁、镍和硅酸盐组成的固态核。但在几万度高温下，能否保持固态实在很难说，所以也有人认为，木星是"彻底的"液体行星，根本不存在固体物质。这个问题至今尚无定论。

木星上的磁场很强，足以使一般手表"磁化"而无法运转。但是它的磁极方向与我们地球相反，即在地球上指南的针到木星上所指的是北方。因为木星的磁场很强，所以木星大气中有绚丽无比的极光。宇宙飞船在1979年3月间经过木星时就见到了它那范围达3万千米的极光。如果我们身临其境，那一望无际的神奇绚丽的自然景观一定会叫人如痴似醉。

人们早已知道土星带着美丽的光环，或许你还在望远镜内见到过它那使人倾心的姿容。在20世纪70年代以前，环带似乎只是土星的"专利品"。然而，科学的发展很快打破了这种垄断局面。天文学家在1977年3月意外地发现了天王星环后，1979 年又发现了绕于"朱庇特"腰间的环带。

它会变为恒星吗

过去人们认为恒星都像太阳，质量很大，自己能发出光和热；行星则不仅质量小得多，而且不会发光发热。人们能在天空中见到行星是因为它们反射了太阳光，一旦太阳熄灭，行星也就黯然失色，"消失"于茫茫星空中了。天文学家历来都把能否发光发热作为区别恒星和行星的金科玉律。

但是，木星朱庇特却向这条金科玉律提出了挑战。首先，人们在研究中发现木星的"体温"始终莫名其妙地偏高。因为从理论上来算，木星的"体温"应为开氏 105 度（即 -168℃，指大气顶层温度，下同），但不管用什么方法，在什么地方测量，得到的结果总比此值高 20～50℃。与此相对照，其他行星的温度都与理论值相符。这么大一颗行星，温度高几十度，需要的能量是十分惊人的。那么，这种能量从何而来？科学家认为，这种能量只能来自它自身。

在 20 世纪 50 — 60 年代，人们曾用红外手段研究木星，发现它向外发出的红外能量竟是它从太阳那儿收到的 2.5 倍！如果没有自己的能源，这种"长期赤字"的局面怎样维持下去？

我们知道，红外线、紫外线、可见光等都属于电磁波的范畴，三者的区别只是它们的波长（或者说频率）不同而已。可见光的波长在 $400\sim700$ 纳米间，红外线的波长则在 700 纳米至 25 微米间（1 毫米 $=10^3$ 微米，1 微米 $=10^3$ 纳米）。这样看来，木星本身确实是在发热发光。

从星云凝聚成星星的观点来看，只要有足够的物质使天体达到一定质量，它就必然会自己发热发光，变成恒星。倘若"体重"达不到界限，它就不能成为发光的恒星。这个质量界限是 $0.07M_\odot$（太阳质量的 7%，即 140 亿亿亿吨），而木星的质量近乎 $1/70M_\odot$。

木星的组成状况与类地行星几乎没有什么共同之处：它是流体组成的，自转的情况很像太阳，是自转角速度与纬度有关的"较差自转"（见恒星篇中"仍有不少是疑团"）；化学成分也与恒星相仿，主要是氢和氦；平均密度与太阳相近……所以，现在有人对木星的归属产生了疑问，认为它可能应当姓"恒"，而不是姓"行"，认为应把太阳和木星看做"姐妹星"。

木星究竟是地球的"大哥"还是太阳的"小弟"? 1981 年，苏联天文学家苏奇科夫和萨利姆齐巴罗夫提出，木星本身发出的光和热来自它内部一定规模的热核反应。他们推算出木星内部深处的温度不是通常认为的 20000℃ 而是 280000℃。所以，一些热核反应可以进行，并将继续不断地升级。木星本身的体态庞大，引力也是行星中最强大的，它可以不断捕获从太阳发出的"太阳风"中的物质，从而使质量慢慢增加。太阳风中的物质当然很少，但滴水成河，聚沙成塔。他们算出大约几亿年之后木星的质量就可达到恒星的标准，成为名副其实的恒星。30 亿年后，这颗新恒星甚至可以与太阳平起平坐，成为名副其实的一对双星。届时，我们的太阳系将产生巨大的动荡和分化……

支持这两位苏联天文学家观点的人目前还寥寥无几，多数人仍坚持认为木星绝不会变成恒星，它将始终保持行星"大哥"的地位和身份。

现在，也出现了一些有利于上述两位苏联天文学家观点的论证。例如，我国已故天文学家刘金沂[①]分析研究了我国公元前 104 年—公元 1368 年间近 1500 年的古天象记录，认为水星、金星、火星、土星等亮度都有不同程度的减小（原因可归咎于大气受污染，透明度变小），唯独木星相反，在 1500 年中增加了约 0.0047 星等。按这样的增亮速度，30 万年就可增加 1 个星等，几亿年以后，不也会变得同太阳一样明亮了吗？

这扣人心弦的问题，看来一时还难下结论……

---

① 刘金沂（1942 — 1987），中国科学院自然科学史研究所副研究员，曾在 1982 年召开的中国天文学会第四届代表大会上作了有关木星增亮的学术报告。

"木星电台" 开始广播啦

木星不仅发出红外光，而且还像一个电台那样在不断发出强大的无线电波。无线电波在天文学上都称为"射电波"，它同样是天体电磁辐射的一种。

太阳系内其他行星的射电都很弱，几乎难以察觉，而且它们的波长都在毫米或厘米波段，都是"短波"，而木星却不然。早在1955年人们就发现了木星发出的射电，波长从短波的1毫米到中波的几百米都有。这个"木星广播电台"的发射功率可达1亿千瓦。我们知道，一般来说，一个广播电台的发射功率只需几十到上百瓦已经足够了，可"木星广播电台"比它们强百万倍！

木星的射电还像太阳一样经常出现急剧的不规则突变——射电爆发。射电爆发的波长在米波、十米波尤为显著。这种爆发的原因究竟是木星内部磁场的某种突然变化，还是与木卫运动状况有关，至今尚不太清楚。木星射电情况的研究对了解木星的物理状况有着重要的意义，对它的探测进一步证明了木星温度高于理论值的结论，也为探明木星的磁场情况作出了贡献。

以射电方法测定的木星自转周期是 9 小时 35 分 28.93 秒，这比用光学方法探测的周期值长近 5 分钟。千万别小看这 5 分之差，有人认为这正是木星内部有固体核的证据之一，因为这个值正是固态核的自转周期。这些射电观测还可用于研究木星的磁场分布情况。

木星不仅发出红外线和射电波，还发出其他行星绝对没有的 X 射线。X 射线也是电磁波的一种，只是它的波长更短、能量更高。木星的 X 射线发现于 20 世纪 70 年代末。1978 年美国发射了"高能天文台"2 号，这是一颗绕地球运转的科学卫星。它上面的 X 射线望远镜发现木星发出很强的 X 射线，对于卫星自身施加着各种复杂的影响。

更令人惊奇的是，这个功率强大的"木星广播电台"不仅发出各种波长的辐射，竟然还能打出许多高能电子，这也是其他行星没有的特性。由于木星的磁场很强，所以这种电子有很高的能量，可以射得很远。以前，许多科学家曾在地面上收到过来自天外的猝发的电子，但始终查不出这些电子的来源，直到 20 世纪 70 年代法国的两颗"太阳神"卫星上天后，这个困惑人们多年的难题才水落石出，原来这些电子正是"木星广播电台"的"副产品"。1973 年年底，美国发射的行星探测器"先驱者"10 号又一次确证了这一点。木星的高能电子可以跨越几亿千米的遥远距离，长驱直入，一直射到水星表面上。进一步测定的结果发现，木星发出的电子竟比太阳平时发出的电子还要强得多。

天体发出的各种电磁波

辐射名称		波长范围或粒子能量
射电波	米 波	1 ～ 30（米）
	厘米波	1 ～ 100（厘米）
	毫米波	1 ～ 10（毫米）
红外线	远红外	25 ～ 1000（微米）
	近红外	0.7 ～ 25（微米）
可见光		400 ～ 700（纳米）
紫外线		10 ～ 400（纳米）
X 射线		0.01 ～ 10（纳米）或 10^2 ～ 5×10^5 电子伏
γ 射线		＜ 0.01（纳米）或 5×10^5 ～ 10^9 电子伏
高能粒子		＞10^{10} 电子伏

从木星的这些特征来看，它是否像恒星的问题又将提到人们的面前。

由此可见，木星的归属、木星的前途，的确还是一个值得继续深入研究的大问题。

"伽利略"的探木路

在 20 世纪内，共有 5 艘无人飞船拜访了木星，它们是："先驱者" 10、11 号，"旅行者" 1、2 号及 "伽利略"

探测器。

伽利略是 17 世纪一位了不起的科学家，也是天文学上一个划时代的人物。20 世纪 80 年代，美国航空航天局决定要发射一枚专门用以探测木星及木卫的无人飞船——"伽利略木星探测器"，简称为"伽利略"飞船。

虽然"伽利略"飞船早在 1965 年末已安装、调试完毕，但"好事多磨"，1986 年 1 月 28 日"挑战者"号航天飞机爆炸，机上 5 男 2 女 7 位宇航员全都壮烈牺牲，这使"伽利略"飞船原定在 1986 年 5 月的飞行计划也被搁置了下来。直到 1989 年 10 月 18 日，在"亚特兰蒂斯"号航天飞机作第 31 次太空飞行时才把这艘重 2550 千克、价值 16 亿美元的飞船送入了茫茫太空。

由于经费问题，"伽利略"飞船的动力设备已被大大削弱，为此，科学家们只能"以时间换金钱"，让它先朝着太阳飞去，在越过金星（1900 年 2 月）与两次越过地球（1900 年 2 月、1992 年 12 月）时，得到行星引力的 3 次加速。所以，漫长的路途让它走了 6 年多，行程达 37 亿千米，是走直线距离的 6 倍多，但却大大节省了费用。

当然，这些路并没有白跑，1991 年和 1993 年它二度与小行星近距相逢，让人真正领略了第 951 号小行星"加斯普拉"的真实面貌，又发现那颗只有 52 千米×34 千米大小的第 243 号小行星"艾达"确实有一个更小的小天体相伴，多年争论不休的"小行星卫星"得到了证实。更值得一提的是，1994 年 7 月，在离木星尚有 1.5 亿千米时，宇宙中发生了一次千载难遇的"苏梅克列维彗星"撞击木星的罕见事件。它又临时受命，抢拍了众多地面上无法拍到的精彩镜头并及时地发了回来，为研究这一罕见事件立下了汗马功劳。

1995 年 7 月 13 日，它向木星发射了所携带的一枚"木星大气探测器"，这是真正进入木星王国的第一个"小客人"。这个探测器只有 339 千克重，但装有不少科学仪器。12 月 7 日，这位"小客人"以 50 千米/秒的可怕速度勇敢地向木星赤道附近的大气层扑去，木星大气层中的高压使它只坚持了 75 分钟就殒毁了。好在它献身之前已经把所测量到的木星大气中的各种参数——温度、湿度、压力、风向、风速、化学组成……都发送到了飞船上，后来发回了地球。有人看到这些数据甚至惊呼"要重新考虑木星的结构问题"。

"伽利略"飞船在离木星 160 万千米处进入绕木星的轨道，并逐渐逼近木星本体。它实际绕木星运行了 34 周，发回了包括 1.4 万张照片在内的 3 万兆比特数据，而且在此同时，它还有 15 次靠近 4 个木星卫星的机缘，与它们最近时的距离只有几百千米，所以可以见到以前"旅行者"无法见到的众多细节。

美中不足的是"伽利略"飞船在途中因受到大量宇宙微流星的撞击，其直径 5 米的伞形主天线严重受损，它上面的电脑也只相当于"苹果 2"的水平……但"伽利略"还是不负众望，得到了有关木星本体的许多宝贵资料，让人们对于木星及其卫星的研究深入了一大步。1996 年 "伽利略" 飞船见到的木卫一也是风情万种：一座大火山喷出的蓝色火焰表明那是硫黄燃烧的结果，它抛出的

物质一直冲到了 100 千米的高度。在木卫一上，表面地形地貌随时都在改变着，上面竟找不到 "年龄" 超过 1000 万 "岁" 的地形特征。

更激动人心的成果无疑是关于木卫二的消息。"伽利略" 飞船 4 次近探发回的资料使得这个 "丑小鸭" 顿时变成了美丽的 "白天鹅"。1996 年 8 月美国航空航天局的官员宣称：木卫二上存在着太阳系中仅有的一个真正的海洋。1997 年飞船从其 198 千米近处飞过，发回的资料表明，该卫星拥有一个薄薄的大气层，在大气之下是一片棕红色的大海，洋面浑浊不堪，冰层上也有巨大的冰山，洋面上间或也有许多 "疱状物"，这是真正的盐水……因此不少科学家认为，在其冰层之下 "正像在地球上曾经发生过的过程那样，某些沉积物会为生命提供所必需的物质"。更有甚者认为，那儿现在已经有了某些简单的生命形态。如果真能证实木卫二上存在着另一类生命的 "伊甸园"，其意义及影响怎么估计恐怕都不会为过。

　　然而，在当年发射"伽利略"飞船时，谁也未能料到常年处于-145℃的木卫二上竟然会有存在"地外生命"的可能，所以事先并未对飞船进行彻底的消毒。尽管在茫茫太空中一般的生命都无法生存，但近年来许多迹象表明，生命有着极其顽强的自我保护能力，它们能长期蛰伏，一旦到达适合其生长的地方就会重新复活。现在谁也不知道"伽利略"飞船上有没有潜伏着这类"顽强的臭虫"，如果将来一旦失控"失足"落入木卫二上，这些"太空偷渡客"就有可能把它搞得面目全非，那灾难性的后果将会让全世界的科学家永远追悔莫及。为了保护这片远在6亿千米之外的极有希望的"生命乐土"，指挥人员乘还能对其发号施令时决定让它"杀身成仁"——冲入木星的大气层自焚。

　　2003年9月21日，"伽利略"飞船义无反顾地以48千米/秒的巨大速度"跳"入木星的大气层，以一种近乎自杀的方式使自己焚毁。当时，约有1500名与"伽利略"飞船探测计划有关的各界代表曾聚集于美国航空航天局的喷气推进实验室，为这颗壮烈的探测器"送终"。当时的场面让人们颇为伤感。一位名叫洛佩斯的科学家说："对一位老朋友说再见，真有点难过。"坠落过程开始后，最后一任项目主管亚历山大女士的眼睛也变得湿润起来。

▌戴着珍珠项链的行星——土星

　　在太阳系的八大行星中，土星无疑是最美丽动人的天体。不论男女老少，也不管对天文学有无兴趣，只要让一个人在望远镜中对它看上一眼，保管他将会对它的绝妙容貌留下终生难忘的印象。淡淡的金黄色圆面，中间围着一条明灿灿的"项链"，这珠光宝气的"太空艺术珍品"大小匀称，亮度适当，尤其与土星相配在一起，真是珠联璧合，相得益彰，让它又增添了几分妩媚。

好一对"孪生兄弟"

如果把地球和火星称作"孪生兄弟"的话，那么土星与木星则是更为相似的双胞胎。从分类来看，这两颗星都属于"巨行星"。

土星离太阳约 9.6 天文单位（14.4 亿千米）。在 1781 年赫歇尔发现天王星之前，人们都把土星看作处于太阳系边陲的"守门人"，也是肉眼可见的最后一颗行星[①]。在冲日时，它比织女星还亮 1 倍！

从望远镜中看，土星

---

① 严格来说，天王星也偶然可为人的肉眼所见，因为它最亮时的星等为 5.7 等左右。但在茫茫星海中，这样暗的星一般人是无法把它认出来的。

也是一个被橘黄色大气包裹得严严实实的行星。它的扁度更甚于木星，达 0.11，是太阳系中最扁的行星。它的赤道半径为 6 万千米，两极处的半径短了 5500 千米，几乎可以把火星和水星一同嵌进去。

土星的半径是地球半径的 9.4 倍，体积是 745 倍，质量是 5.69×10^{26} 千克（约 0.6 亿亿亿吨），为地球质量的 95 倍。除了木星外，其他几个"兄弟"的质量和只是它的 36%。但是它的平均密度却只有 0.7 克/厘米^3（或 700 千克/米^3），是八大行星中唯一密度比水还小的行星。如果能把它丢进浴缸内的话，它一定会像皮球那样漂浮在水面上。

正因为它的平均密度这样小，所以表面上的引力并不太大，仅比地球大 15% 左右。就是说，地球上重 100 千克的物体，在土星上也只不过多重了 15 千克而已。

不难设想，土星与木星相仿，也是一个流体行星，在它浓厚的大气之下，也是一个由氢和氦组成的硕大无朋的大海，再下面则是金属氢、氦层。与木星相比，它似乎多了一层厚 5000 千米的冰层。

土星大气成分中除了占主要地位的氢、氦外，甲烷和氨的含量明显增加了，因而它的云带常呈淡淡的金黄色。木星上有大红斑，土星上有时也会出现类似的卵形圆斑。例如，1933 年 8 月 3 日，英国一位名叫威廉·海的喜剧演员仅用一架口径 15 厘米的望远镜就发现土星赤道地区上有一个很亮的白斑。白斑越变越长，它的直径最大时达土星视面的 1/5 以上，但亮度逐渐变暗。它只存在了几十年就慢慢消失了。

土星的自转也快得惊人，在赤道上的自转周期为 10 小时 14 分。依此算得赤道线速度达 10.2 千米/秒，比绕地球的人造卫星还快。虽然这个速度稍逊于木星，但因为它比木星"稀"，所以它的扁度达 0.11，超过了木星。其自转的方式则与木星一样，即各处周期不一的较差自转。

"哈勃"太空望远镜还见到了土星两极处的巨大极光，这又是一个明显的与木星雷同之处，也使人进一步探明了土星的磁场情况。

这对"孪生兄弟"还有一个共同特征——它们都有自己的能源，都在发射红外线，实际测量的土星大气温度比理论计算值高出将近 30℃。

雍容华贵的名媛

戴上神奇项链的土星确实像一位贵妇名媛，人们不禁要问，它是怎么来的呢？又是什么天体呢？

土星的光环发现得很早，当年伽利略就看到了土星身旁有两个模糊朦胧的"附着物"。在他那自制的简陋望远镜中，遥远的土星本身就不怎么清晰，它的光环更是时隐时现，而且与土星"粘"在一起，无法分开。在当时，人们头脑中根本想不到光环这种玩意。他费尽心机也无法弄清事实，只得沿袭他发现金星位相时所沿用的老方法，先发表一组字谜再说："Smaismermilmepoetalevmibuneunagttaviras"伽利略的原意是这样一句话："Altissiman planetam tergemineumm observavi."译成中文的意思是："我曾看见最高的行星有 3 个。"当时人们以为土星处于太阳系的边界，所以伽利略称它为"最高的行星"。他这句话的寓意是："时间和生命老人"身旁有两个搀扶着他的仆从——古代西方把土星命名为农业神，并掌管着时间和生命。

伽利略完全可以高枕无忧，不怕别人猜透他的原意。因为这 39 个字母的排列方式有 $4.27×10^{35}$ 种，比风靡世界的"魔方"可能的组合数还多 1 亿亿倍。即使让全世界 60 亿人不分昼夜地来尝试，且这 60 亿人个个动作十分熟练、每秒钟可排一种形式，要排完伽利略的句子也要花上 300 亿亿年——

比宇宙的年龄还长 2 亿倍。

可惜的是，伽利略自己直到 1642 年逝世时也未能解开这个疙瘩，这是受到仪器局限的结果。14 年之后，荷兰物理学家惠更斯用更大的望远镜才弄清了真相。不过，他开始也仅是发表了一组字谜："Aaaaaaacccccedeeeeeghiiiiii-illllmmnnnnnnnnnnnoooopppqrrstttt-tuuuuu"经过 3 年的反复观测，惠更斯才公布了他的谜底：

"Annulo cingitur tenui, plano, nusquam cohaerente, adeclipticaminclinato." 意思是："有环围绕，薄而平，到处不相接触，跟黄道斜交。"

然而，惠更斯也是知其然而不知其所以然。在此后 200 年内，天文学家都不清楚土星光环的实质和形成的原因。直到 1856 年英国物理学家麦克斯韦从理论上作了证明，人们才知道这个光环不是铁板一块的固体，而是由无数大大小小的冰块组成的（也夹杂着一些石块、铁块），所以实际上也可看做无数颗极小的冰卫星。从雷达探测得知，环中物质的直径在 4～30 厘米之间，它们的总质量约占土星质量的 1/23000，约 2473 亿亿吨。如果把这些冰块收集起来合成一团，那么它就会成为与月球大小相仿的一个可爱的冰月亮。

为什么光环不凝成一颗"冰卫星"？主要是因为土星对这些物质的潮汐力太大。从理论上可以证明，像冰一样的物质，在土星周围近 20 万千米的范围内无法抵御强大的潮汐力。即使原来是一颗卫星，也会被这种巨大的力量撕裂。

土星的光环范围极大，人们早已发现土星环不是一个整体，它大致可分成 A、B、C 三个环。两环间有环缝，在 A、B 间的是著名的宽 5000 千米的卡西尼环缝，介于 B、C 间的法兰西环缝也有 3000 千米宽。从 C 环的内侧到 A 环的外侧，差不多跨越了 64000 多千米，正好可以并排放进 5 个地球。这样算来，光环的面积约为 180 亿平方千米，为地球表面积的 35 倍。而整个光环的厚度只有 20 千米左右，按这个比例，它相当于用一张 70 平方米的白纸覆盖一个羽毛球场。

土星最主要的三个光环

环　名	离土星表面距离（10^4千米）		宽度（10^4千米）
	内边缘	外边缘	
C 环	1.26	2.88	1.62
B 环	3.15	5.65	2.5
A 环	6.15	7.7	1.9

20 世纪 90 年代，"哈勃"太空望远镜通过观测证明土星光环内的物质正在向太空散逸，速度大约为每秒钟 3000 千克。有人据此计算出大约 10 亿年后光环将变成暗环——其中冰的成分将丧失殆尽。

天庭间的"暴君"

土星在星空中也很明亮。我国古代学者十分注意它的踪迹，并给了它两个大名：填星、镇星。在 1973 年出土的湖南长沙马王堆西汉古墓的文物中有一堆帛书，它没有书名，也无法考证作者，为了整理方便，现已取名为《五星占》。据考证，它成书的时间不会迟于公元前 170 年。

		木星	土星	金星
公转周期（年）	古测值	12	30	/
	今测值	11.86	29.46	0.62
会合周期（天）	古测值	395.44	377	584.4
	今测值	398.88	378.09	583.92

　　《五星占》中对土星的大名作了解释："中央土，其神上为填星。"在此以前，我国古人知道"岁镇行一宿，二十八岁而周"，即是指镇星在天空中转一圈的时间是 28 年，正好每年在二十八宿中走过一宿。但《五星占》已经进了一步，知道土星的实际公转周期是 30 年。《五星占》详细记述了水、金、火、木、土五颗行星的运行情况，列出了 70 年中（前 246 —前 177 年）金星、木星、土星的准确位置，所测出的公转周期和会合周期（指连续两次冲或下合相隔时间），其精确度与当今所测已相差不多，这比西方喜帕恰斯至少早了一个世纪。

　　土星在西方的地位也极为显赫。在罗马神话中，它是农业和时间之神萨都恩。"民以食为天"，所以农业神也是主宰一切的天神。在希腊神话中，相应的名字是克洛诺斯，他是主神宙斯的父亲。天文学上土星的符号为"♄"，原意是农业神手中的一把大镰刀。

日、月和大行星所用的天文符号在古代炼金术中也有广泛的应用，但太阳"☉"用来表示最贵重的金子，月亮"☽"表示银，水星"☿"代表汞，金星的符号"♀"象征铜；"♂"、"♃"及"♄"则分别为铁、锡及铅。

克洛诺斯残虐成性，他听信谗言，生怕自己的宝座将来被儿子所占，所以每当他的妻子盖娅临盆生孩子时他总是心神不安地守候在门口，只要婴儿呱呱落地，他就闯进去一把抢来吞而食之。正因为如此，中世纪的占星家对它都很厌恶。"多行不义必自毙"，最后他还是被盖娅和儿子宙斯打败了。

有趣的是，这个故事使伽利略烦躁不已。伽利略1610年见到的土星的两个"附着物"后来在他的望远镜中日渐变小，以至两年以后完全"消失"了。他百思不得其解，后来想起了这个古老的神话故事，于是情不自禁地喃喃自语："时间老人的两个侍从到哪儿去了？难道真是'萨都恩'把自己的儿女吞噬了吗？还是这两块该死的玻璃片（即望远镜的物镜和目镜）欺骗了我这么久？"

直到1616年，伽利略又见到土星变成了橄榄形状。

读者想必知道，这"附着物"和"橄榄头"，实际都是土星的光环。土星光环大约每隔14.8年就会隐没一次。它为什么"羞羞答答"？其实说来简单，因为从地球上看，20千米的厚度简直比蝉翼还薄，且土星的赤道平面与黄道面的交角大约为 27°，这样在不同的轨道位置上，我们就会看到光环呈不同的形态。当它以其侧面朝向我们时，即使用最大的望远镜去观测也无济于事。土星的轨道周期是 29.46 年，转一圈有两次这样的时机，所以大致十四五年"消失"一次也就不奇怪了。

大千世界无奇不有，直到 1921 年还因土星光环出现了一出闹剧。那年土星光环再一次按照固有的规律暂时在望远镜中消失了。西方一些喜欢危言耸听的记者却故弄玄虚，竟然据此杜撰出各种骇人听闻的"科学新闻"。有的说："土星的光环崩溃了，宇宙中少了一件艺术珍品。"有的声称："光环的碎片正在以巨大的速度飞向地球，当心横祸从天而降！"居然真有一些人被这种谎言闹得六神无主，提心吊胆得不敢出门……

光环中的风光

为了深入研究土星绚丽无比的光环，人们已不满足于用地面上的大望远镜观测了。在 20 世纪 70 年代，人类对太阳系的空间探测达到了高潮，先后发射了 4 个轰动科学界的空间探测器，其中有 3 个对土星及其光环作了细致的考察。这 3

艘宇宙飞船中的任何一艘所获得的资料都超过了过去几百年的总和。

当"先驱者"11号1979年飞临土星时，天文学家们兴奋不已。它离土星最近时只有12.8万千米，因此对光环"看"得分外清楚，它发现在A环之外还有新环（F环和G环）和一条环缝——

先驱者缝，使得光环数变为7条（1969年发现了最内部的D环及最外面的E环）。F环可能是最窄的环，总共不过800千米宽，它与A环的外侧之间由刚发现的先驱者缝隔开。G环则是土星最外面的一个环，其内侧离土星表面已有54万千米之遥。G环内的物质极其稀疏，然而它却连绵不断地向外伸展了30万千米，几乎相当于地球到月亮的距离。"旅行者"1号从光环的上方、下边，在向阳面、背阴面以各种不同角度对离奇的光环进行了详细的观测，它传回的极其清晰的大量彩色照片真叫人大开眼界。

原来土星光环哪止是六七条，它密密麻麻地从土星云顶上空一直排到离土星32万千米的地方，环的数量成百上千，几乎无法数清，简直就像一张巨大的密纹唱片。

到木星、土星探访的四艘宇宙飞船概况

飞船名		"先驱者" 10 号	"先驱者" 11 号	"旅行者" 1 号 *	"旅行者" 2 号
发射日期		1972.3.2	1973.4.6	1977.9.5	1977.8.20
到木星	时间	1973.12.4	1974.12.3	1979.3.5	1979.7.5
	最近距离 (千千米)	131	46.4	278.4	640
到土星	时间	—	1979.9.6	1980.11.12	1981.8.23
	最近距离 (千千米)	—	128	124.3	101
到天王星时间		—	1985.7	—	1986.1.24
到海王星时间		1982.6.14 越过海王 星轨道	—		1989.8.24

* "旅行者" 1 号因发射前出故障, 临时推迟了发射日期, 但它走了捷径, 所以比"旅行者" 2 号先到达木星。

更奇特的是, "旅行者" 1 号还发现那些环带并不像艺术品那样整齐匀称, 而是十分复杂。大小不同自不必说, 而且并不对称, 连最亮的 B 环也似乎并不完整, 有的大环中套着小环, 显得凹凸不平, 有的甚至成为犬牙交错的锯齿状。最令人惊讶的是窄窄的 F 环, 它竟像是姑娘头上的发辫, 由三股细流扭结在一起, 一个环由粗短变得细长, 一个环好像是另一个环中分裂衍生出来的, 它们还在随时间而变化着……

这艘飞船还发现，B环、A环内的物质比较拥挤，那个比较稀疏的C环内物质直径大多在1米左右，而F环则是断断续续的。它还探得，构成环的无数粒子几乎都是导电体，因此，它们转动时就会发出强大的射电讯号，俨然是太阳系中又一个"广播电台"。关于光环，还有一个扑朔迷离的问题，似乎光环本身也有大气包裹着。

"旅行者"1号使人们欣喜不已，同时也给人们带来了新烦恼：光环何以会有如此光怪陆离的各种动力学现象？有不少人认为这是土星众多卫星的引力对它起了作用。然而目前天文学上连简单的三体问题——三个天体在互相引力作用下的运动——尚且还不能得心应手地运算，要用数学方法去证明这个推测，现在还只能望尘莫及。

无人飞船三访土星

为了更深入研究前两艘飞船发回的资料，美国航空航天局决定调整"旅行者"2号飞往土星的路径，冒些风险，让它自下而上从土星的光环中穿越而过。这真是"不入虎穴，焉得虎子"。这次飞行确实出现了一些险情。当"旅行者"2号以16千米/秒的高速穿过光环时，飞船碰上了一个先前不知道的环带，万幸的是它十分纤细，基本上是由微米大小的尘埃粒子构成，所以探测器安然无恙。如果遇上稍大的团块，价值1.7亿美元的探测器将完全报废，失去一次宝贵的探测土星的良机。

"旅行者"2号果然不负众望，它拍到了比前两次更为精细和清晰的光环照片，再次证实了把土星光环分为几条环带是没有什么实际意义的。它的确就像"宇宙音响公司"出产的一张巨大的新唱片，粗粗细细的条纹简直成千上万。

"旅行者"2号还见到了不同的景色。它见到 F 环时，已与 9 个月前大不相同："扭结"已经脱开了，但在里面又衍生出了 14 个独特的小环。更奇特的是，F 环中竟还有一些光亮物质构成的团块——这可能是 F 环中的一颗小小的冰卫星，但是它何以能在环中独立存在而不被潮汐力弄得粉身碎骨又令人难以回答。

过去人们认为光环的环缝中是空空的、什么物质也没有，但这第三次访问却使人改变了这种看法。"旅行者"2号的仪器发现，在 A 环中的恩克环缝里面竟然有一条像卷曲状的铁丝似的光环在游动。它还发现，最亮的 B 环有一个很大的缺口，所以这个最大的环将不成其为真正的、完整的环了。

"旅行者"2号飞船还发现光环内的温度比土星大气中低得多，在 65～75 开（-208～-198℃）之间。在地球上，只要到-183℃，空气中的氧气即会变成液态；到-195.8℃时，连氮也变成了液体。所以光环内的温度几乎可让空气都变成液态。

"旅行者"2号飞船在土星的云顶上空还记录了大气中数千次强烈的闪电。闪电规模也十分宏伟，大致可与木星上的相比拟。如果按闪电的威力计算，是地球上常见闪电的几千倍。它还见到了一个风暴区，在相隔 9 个月的时间里，这个波及几十万平方千米的风暴区几乎没有什么改变。从理论上来说，土星上的天气应常常是狂风不断，有时也会下起"雨"、"雪"，但这雨是"氨雨"，雪是"氨雪"。

还有一项发现带有神秘的色彩。"旅行者" 2 号曾两次接收到了奇异的声音：一次是在飞临土星前夕，它录到了土星发出的高低有律、低沉宽广的声音，好像是一个不懂乐律的年轻人在拨弄电子琴，中间还夹杂有嘟嘟的喇叭声；第二次声音出现在飞船飞近土星光环边缘并即将离去时，但这次没有第一次动听，像是在桥洞底下听到桥上开过车辆时的隆隆声，也有点像大石头落在木板上的嘎嘎声。

土星上发出的声音当然不会是"土星人"的杰作，但它无疑是大自然的创造，看来仅凭这两次记录一时还难以查明。将来如果你能有缘去拜访这颗迷人的行星，可别忘了捕捉这神秘的声音，查出它的来龙去脉呀！

"卡西尼"对"泰坦人"的问候

"卡西尼"飞船是专门为探测土星而发射的无人飞船。该项目是 20 世纪最后一项大规模空间探测计划，耗资 34 亿美元。"卡西尼"飞船总重 6400 千克，配有 27 种功能各异、性能极好的先进仪器与 44 台处理器。原计划它在到达目标后将在 4 年内绕土星转上 74 圈，为人类提供关于土星与其卫星的 50 多万张近距的高清晰照片。

可是好事多磨。1997 年，其发射台发生事故，后来又因它载有 3265 克核燃料（由于远离太阳，太阳能电池无用武之地）引起了一些人的恐慌，甚至有许多科学家、医生、环保组织专门致信给克林顿总统，要求取消它上天的资格。事实证明，这些忧天的"杞人"完全是庸人自扰。1997 年10 月 15 日，"卡西尼"飞船终于飞上了天空，经过 7 年 34亿千米（相当于从地球到月亮上打 5000 个来回）的漫漫征程，终于顺利地到达了目的地……

"卡西尼"计划还有一个"亮点"：向迷人的"土卫六"（泰坦）发射一枚"惠更斯"探测器。因为这颗比月亮还大50％的橘红色大卫星是太阳系所有卫星中唯一拥有浓密大气层的佼佼者，上面又有丰富的有机物，所以在"火星人"的神话破灭后，科学家们对其寄予了无限的希望。

1 月 14 日 5 时 3 分（北京时间），重 350 千克的"惠更斯"探测器经过 173 分钟的艰难旅行，终于投入了泰坦的怀抱，成为这颗大卫星的第一位贵客。"惠更斯"探测器在泰坦的表面上存活了近 2 个小时。尽管因探测器上两台数据传输系统中有一台出现了故障，原本计划发回地球的近700 张土卫六图片只有一半传输成功，但这并没有影响此次探测任务取得巨大成功。在公开的首张土卫六彩色照片中，该星球到处是一片橙色，表面就像海绵一样多孔而富有弹性，处于最上面的是一层薄薄的岩石外壳。它还观测到土卫六上有一处很像湖泊的地貌，它长约 234 千米，宽度近 73 千米，大小相当于美国和加拿大边界处的安大略湖。有科学家说，这很可能就是土卫六表面的甲烷湖泊之一。众多迹象表明，这颗卫星极像 40 亿年前的地球，有人甚至预言，在 20 亿年后那儿也会萌生出生命！

出于人类对发现地外文明的迫切心情，在"卡西尼"飞船上路之前美国航空航天局在网上向世界各地征集了对于"泰坦人"的问候，反应之热烈大大出乎意料，响应者遍及 81 个国家和地区，人数则多达几十万。美国航空航天局将这些问候制成了一张光盘，安放到"惠更斯"上。这些千奇百怪、诙谐幽默的喊话，读来真叫人忍俊不禁。一个署名为"地球虫"的人直率地说："喂，你们好，'泰坦'上的绿色小虫子！"虫子唤虫子，两不吃亏；还有一个 13 岁的纯真少年（署名为路易·卡斯特罗）则充满了热情："想多交些朋友吗？那就快来吧，让我们相聚在蓝色的星球上。"但有趣的是，接着就有人告诉它们"现在你们还不能来，因为地球已被糟蹋得不像样了，要来也得等到 10 万年之后。"有谁知道 10 万年后地球会变成什么模样？一个署名是弗朗西斯科·冈萨雷斯·普雷托的 43 岁作家则不知为什么单单只是向它们大喊"救命！"还有一位并不说话，只是留下了唐老鸭憨态可掬的嘎嘎声；一位自称丹尼尔·卡弗里诺的诗人当然留下了他的得意诗作："不要因为看不见阳光就伤心哭泣，因为蒙眬的泪眼将使你失去所有的星光。"最绝的是一个长得并不漂亮的法国女郎想在那儿寻找她心目中的"白马王子",这个署名为弗露兰斯·杜戈雅的姑娘写的"征婚启事"如下:"芳龄三旬,身高 1.83 米,金发碧眼,幽居于地球法国某

风景如画的乡间,家境殷实,诚觅魁梧健壮的地球之外的青年为伴,当然富有浪漫情调的终身伴侣更让人喜出望外……"美国总统克林顿也不甘落后,他留下的话

是:"所有世人都想成为美国人,亲爱的泰坦人,欢迎你们成为宇宙中最美丽的、美利坚的第 51 个州。"一副世界霸王的嘴脸跃然纸上。当然也有少数人并不好客,所以发出了"端正你们的态度吧,卑劣的外星人"、"癞蛤蟆是吃不到天鹅肉的"之类不友好的诅咒。

　　不管是谩骂还是称赞,从中可以看出,人类盼望"宇宙知音"的心情是何等急迫啊。

┠ 行星家族新成员——天王星

　　从水星、金星,直到木星、土星,都是"古已有之"的天体,人们与它们打了几千年的交道。在 18 世纪以前,

人们只知道地球及这 5 颗行星，而真正认识太阳系、认识宇宙，是从赫歇尔发现天王星起端的。

天王星的发现本身也是一个曲折离奇的故事，发现者竟是一个"逃兵"，其身份至多是个乐师，绝不是正经"科班出身"的天文学家。

一位乐师的奇勋

1781 年 3 月 13 日，红日西沉，夜幕降临，英国皇家乐队的一个钢琴手，43 岁的威廉·赫歇尔与比他小 12 岁的妹妹卡罗琳·赫歇尔又一次兴冲冲地跑上了楼上的平台，架起了那台自己磨制的望远镜。它的口径为 16.5 厘米，焦距为 2 米，对于当时的业余爱好者来说，这已是很了不起的仪器了。他们按事先制订好的周密计划把它指向了双子 H 星附近的一群小星。突然，望远镜的视场内出现了一个相当明亮、略带暗绿色的光点，仔细看似乎又有一个极小的圆面。威廉·赫歇尔心中不禁怦然一动：这绝不是恒星！那儿的恒星他全都熟悉，而且恒星的小小光点在望远镜内是闪烁不停的，而它在那儿却稳如泰山，纹丝不动。为了看个究竟，他立即把原来放大倍率为 227 倍的目镜卸下，换上了放大倍率为 460 倍和 932 倍的目镜。果然，这个陌生的小圆面变大了些。赫歇尔非常相信自己磨制的望远镜质量是上乘的，因此，他马上明白，他所见到的天体一定属于太阳系。因为对于恒星而言，不管用多高放大倍率的大望远镜观测也只能使它们的亮度变亮，而绝不会把光点变成圆面。第二夜，赫歇尔带着急切的心情又找到了它，果然，他发现昨天那个小圆面的位置已经有了小小的改变。连续几夜的跟踪观测使他确定他发现的一定是太阳系内的天体。

4月26日，威廉·赫歇尔向英国皇家学院递交了一篇论文《一颗彗星的报告》。因为有史以来，从来没听说过人类能够发现新行星，所以为慎重起见，他姑且把它当作彗星——我国民间俗称扫帚星——来对待。

赫歇尔发现的新天体究竟是什么？格林尼治天文台台长马斯克林和法国天文学家梅西耶都认为这确是一颗彗星。然而，人们不明白，为什么它不像一般彗星那样而始终没有毛茸茸的长尾巴？而且他们所设计的各种彗星轨道都不能使它"就范"，没有一个预想的彗星轨道可与实际的观测相符。

看来观念必须革新。当时芬兰的数学家、天文学家莱格泽尔正好在英国，他也对新天体作了观测，并且指出它的边缘清晰，显然不是彗星而是行星。他更算出，它的轨道是一个很大的圆——半径为地球轨道半径的 8.93 倍。1783 年，法国著名科学家拉普拉斯正式公布了它的轨道数据：半径长为 19.18 天文单位（约 28.7 亿千米），正好与一个"提丢斯—彼得"公式所指定的位置不谋而合。它的轨道偏心率介于木星与土星间，轨道面与黄道平

面的夹角还不到 1°。

至此，一切疑云烟消云散。威廉·赫歇尔发现了太阳系中的新行星！

赫歇尔于 1738 年诞生于德国汉诺威（当时属英国管辖）的一个音乐世家。在他 18 岁那年，法国军队占领了这个小镇，为了逃避兵役，他不得不背井离乡，一边卖唱一边流浪，终于艰难地渡过了英吉利海峡。当他历尽苦难踏上不列颠国土时，身上早已分文不名。这时，出色的音乐才华使他免受了饥饿之苦，他很快在英国皇家乐队中谋得了钢琴师的职位。年轻的赫歇尔才华横溢，兴趣广泛，他不仅有出众的艺术细胞，并通晓语言学，热衷数学，还能摆弄一些光学仪器，后来还成为制造望远镜的一代宗师。他是一生中磨镜子最多的天文学家。后来他迷恋上了神奇的星空，并与天文学结下了不解之缘。

这项举世震惊的发现正是他一生的重大转折。赫歇尔成了世界上第一个发现新行星的英雄。新行星的发现使人茅塞顿开：原来太阳系的疆域要大得多。英王乔治也为他的发现高兴，不久便召见了他，立即赐给他一幢漂亮的住宅，并任命他为英国皇家天文学家，许以年薪 200 金镑的终身俸禄，答应他可随时觐见以取得皇室的帮助。

从此，一个迷恋天文学的钢琴师终于变成了精通乐理的职业天文学家。赫歇尔不负众望，为天文学的发展作出了多项杰出的贡献。

与众不同的世界

威廉·赫歇尔发现了新行星，应称它什么呢？赫歇尔深受乔治三世的恩宠——这位英王确实也是一贯热心支持科学发展的不可多得的君主，因而他想把新行星称为"乔治星"。他把自己的新著题名为"乔治星与它的卫星"，但对他的这个意见，天文界反应十分冷淡。不少人主张以发现者的名字为名。例如，法国天文学家勒威耶直到 1846 年还把它称为赫歇尔星。然而，绝大多数天文学家仍希望按惯例用希腊或罗马神话中的天神名来命名。最终，

第一代天神——天王星乌拉诺斯

大家采纳了柏林天文台台长波得的建议，称它为"乌拉诺斯"。这是希腊神话中开天辟地的第一个君主，是他把天地间安排得井然有序。他与地母盖娅结合，生下了后来的天神克洛诺斯。细算起来，后来在奥林匹斯山上主宰一切的宙斯只是他的孙儿。正因为他那显赫的权位，我们中国便把它译为"天王星"。

天王星的专用天文符号是"♁"或"♅"，这反映了在很长的一段时期内，天王星都有两个名字："乌拉诺斯"与"赫歇尔"，后者上面正是赫歇尔的打头字母"H"。

天王星绕太阳运行的周期是 84 年，它的半径是地球的 4 倍，约 25900 千米，质量则是地球的 15 倍，约 8.7×10^{25} 千克（870 万亿亿吨），所以它仍比类地行星大得多。

天王星最奇特之处是它的自转方式。它几乎是"躺"在轨道上，一面绕太阳公转，一面"滚"着自转，就像滚动的车轮。或者说，它的赤道面几乎与黄道面相垂直，天文学家称之为"侧向自转"。

侧向自转使得天王星上的"世界"与众不同，这正好符合乌拉诺斯的神话：天地无序，星空紊乱，需要这个大神来重新安排。

天王星的黄赤交角大约为 98°，所以即使两极地区也有红日当顶的时刻。假使在它的北极生活着"天王星人"而且其寿命同我们差不多的话，那么他们一生中只有一次目睹日出或日落的机会。因为在那儿，太阳自 1923 年从西方（也是西升东落）地平线上露面之后，就沿着无形的螺旋线按逆时针的方向一天比一天升高，直到 1946 年左右，太阳就一直在离天顶 8°附近处打转。这时，太阳几乎成了天王星上的"北极星"。此后，太阳渐渐走下坡路，一圈一圈地越转越低，直到 1966 年没入东方地平线之下，随之而来的则是 42 年的漫漫黑夜。

当然，这样的比喻并不是无懈可击的。因为遥远的距离已使"天王星人"不知"太阳"为何物。从天王星上看太阳，角直径不到 $2'$，相当于挂在 150 米外的一只苹果，一般人很难见到它有圆面。但是，在星空中谁也不会不注意到它，因为它的亮度主宰着天王星上的"大地"，这个比芝麻还小的亮斑竟比地球上的 1200 个中秋明月还明亮！

天王环带的发现

天王星每 84 年绕太阳转一圈，因而在星空中的移动是相当缓慢的，平均每天不过 46″左右。但对于观测精细的天文学家而言，46″已是很大的数值了。他们已算出，在 1977 年 3 月 10 日夜，天王星将正好把其后面的一颗恒星挡住——这就是相当于日食、月食那样的"掩星"。掩星是天文观测中难得的机会，从中可以得到平时得不到的资料。所以美国、中国、印度及澳大利亚等国的天文学家早早做了观测的准备，一起把望远镜指向了这颗本来名不见经传的恒星 SA0158687……

按理说，天王星掩星的过程应很简单，记下天王星碰上（掩始）到离开（掩终）恒星的时间就可以了，然而这一次却奇怪得很，天王星还未碰上时，星光先抖动了一阵，在掩星结束之后，又发生了一次小小的抖动和减光。

这是什么原因？通过计算机处理，几国天文学家不约而同地得出了共同的结论："天王星有'光环'（当时的说法）。"我国天文学家还成功地算出其中一条环的宽度在 50～100 千米。

天王星环带的发现又一次轰动了天文界。因为这项发现不仅打破了土星环的垄断地位，并为后来发现木星环打下了基础，还揭示了行星、卫星的演化规律……事实上，我国著名天文学家戴文赛[①]正是从太阳系起源的观点出发，在此半年前作出了"……天王星周围的气体盘足够快地冷却，凝聚出足够多的尘粒和小冰块来集聚成卫星和环带"的推论。

1978 年 4 月 10 日，天王星又一次掩了另一颗恒星。进一步观测证实，它的环带有 9 条之多，主要的一条 ε 环宽 100 千米左右。根据分析可知，天王星环内都是小的岩块，所以在地面上即使用最大的望远镜也无法见到。

还有些奇怪的事情没有弄清楚。我们不妨回到 18 世纪。威廉·赫歇尔对这颗使他跻身于天文界的天王星自然倍感亲切，他不时地在观测它、欣赏它。1787 年，他制成了一架新颖的反射望远镜，口径为 60 厘米（几乎是原来的 4 倍），焦距长 6 米。当他用这架威力提高了 16 倍的仪器再次观测这颗行星时，立即发现了它的两颗卫星，即天卫三和天卫四，同时还发现了天王星的"光环"。

在赫歇尔生活的时代，照相技术尚未问世，按他使用的望远镜计算，要见到天王星光环，其亮度应在 16 等以上，可是，现在即便用 5 米大望远镜拍照也无法看到光环的身影，说明它的亮度至少在 25 等以下。难道短短的 100 多年间，它的光度就一下减弱了 4000 多倍？这是不可思议的事。

---

① 戴文赛（1911 — 1979），生前为南京大学天文学系主任，中国天文学会副理事长。他的这篇论文完成于 1976 年，发表于 1977 年 12 月出版的《天文学报》上。环带二字下的黑点为笔者所加。

那么是赫歇尔当时年老眼花了？可 1787 年时他仅 49 岁（他活到了 84 岁）。难道是这位观测大师为沽名钓誉而为之？事实上他非常严谨，一生光明磊落。

那究竟是什么使光环变暗了呢？这与它的侧向自转有没有什么联系呢？这些困惑人心的问题还需将来的研究者来回答。

"旅行者"勇探天王星

在 1981 年跟土星告别之后，两艘"旅行者"就分道扬镳了，1 号飞船向太阳系的边界直飞而去；2 号则向天王星、海王星奔驰，经过 4 年多枯燥乏味的无声旅行，走过了几十亿千米的漫长旅程，终于在 1985 年底进入"乌拉诺斯王国"的领域。11 月 4 日，它上面的各种仪器已经开始对天王星进行瞄视观测了。1986 年 1 月 10 日，仪器进入"一级战备"，开始实施"远距离接近"的既定程序，观测工作从 1 月 24 日开始，直到 2 月 25 日结束。这次"历史性"的访问虽然只有短短 30 多天，但它向地球发回的各种极其清晰、分辨率很高的照片达 7000 多张，所得到的资料比发现天王星以来 204 年的总和还多几十倍，因此大大拓展了人们对天王星的认识。

飞船发来的资料表明，天王星上有几千千米厚的大气，其中 80％为氢，氦则不到 20％，其他有氨和甲烷等。大气内的平均温度为 -176℃。它似乎不受阳光的影响，因为目前几十年中，南极正对着太阳，但它那儿的温度反比处于黑夜中的北极还低，其原因可能是高速的风暴起了某种搅拌作用。天王星上的风速最大可达 400 米/秒以上，超过了音速。如果我们遇到这样大的风，要等风过后才能听到鬼哭狼嚎的呼啸声。

1986 年"旅行者"访问天王星的主要日程（均为格林尼治时间）

时　　间	探测器位置
1985 年 11 月 4 日	仪器准备就绪
1986 年 1 月 10 日	开始"远距离接近"程序
1 月 23 日	进入天王星的磁层范围
1 月 24 日 4 时	观测天王星掩星（4 小时）
24 日 15 时 11 分	飞过天卫三（37 万千米）
16 时 13 分	接近天卫四（46.9 万千米）
16 时 22 分	飞过天卫一（12.6 万千米）
17 时 05 分	接近天卫五（2.9 万千米）
18 时 00 分	接近天王星，离云顶 81120 千米
20 时 53 分	接近天卫二
25 日 3 时 42 分	考察天王星上极光等
2 月 25 日	探测结束，飞往海王星

飞船接近天王星的时间不过短短十几秒钟，但这 1/4 分钟所得的资料足以表明天王星厚厚的大气之下是汪洋大海。组成这个海洋的是真正的水，但与地球大海中的水很不一样。表面上看来它风平浪静，但温度高得骇人，比炼钢炉中的钢水温度还高 1 倍多，达三四千度。它之所以不沸腾蒸干，完全是因为它"身上"承受着几千个大气压的

关系。据计算，天王星上的大海深达 8000 千米，这比地球上最深的马里亚纳海沟（11 千米）深 700 多倍。若把火星投进去，它会全部沉没于海底。

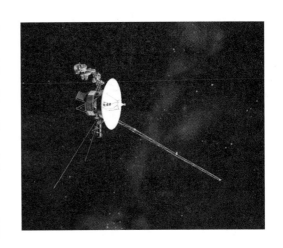

过去，天王星的自转周期众说纷纭，天文书上也反复修改。这次从磁场中探得的周期为 17 小时 15 分，而从大气测得的数据是 16 小时 58 分，这反映了它内部的核与外层不同。从种种迹象来看，有人认为天王星可能是由许多彗星聚合而成的。

原先人们只知道它有 5 颗卫星，"旅行者"则把这一数字增加到了 10，现在已知它有 27 颗卫星。

"旅行者"还发现，天王星的环带不是 9 条而是 20 条，而且不同的环有不同的色彩。有的环偏红，有的环却呈蓝色。在最亮的主环 ε 环中，物质明暗不一，大的如卡车，小的如芥末，参差不齐，都在环中运动，构成了一幅神奇的画面……

├ 用纸与笔算出来的行星——海王星

有位哲人说："除了一支笔、一瓶墨水和一些纸外，再也不凭任何别的装备就预言了一个未知的、极其遥远的星球，并对一个观测天文学者说，把你的望远镜在某个时候瞄准某个方向你将会看到一颗过去人们从不知道的新行星——这样的事情无论什么时候都是极其引人入胜的。"

海王星的发现不仅是牛顿力学的伟大胜利，也使哥白尼的日心学说从假设成为真正的科学理论。

海王星的故事将世代长传。

它让哥白尼与牛顿双赢

天王星被发现后，几乎所有的望远镜都瞄向了这位姗姗来迟的"兄弟"。因为欧洲航海事业的迅速发展需要天文导航，要求天文学家能精确预报各行星的准确位置，所以法国经度局委托著名数学家、天文学家布瓦尔编制火星、木星、土星及天王星的"星历表"（即不同时间它们的准确位置表）。布瓦尔在工作中发现，这些人们熟识的"兄弟"一个个都十分循规蹈矩，在自己的轨道上从不越雷池半步，可是这个神秘的新来的兄弟却不太本分，老是"出轨"，计算的位置和实际位置常常不一致。布瓦尔根据1781年以前20多次观测资料所定出的轨道与用1781年以后资料确定的轨道竟是两个完全不同的椭圆。这使他陷入深深的苦恼之中。最后，他只得忍痛舍去了以前的资料。他曾对一个挚友说："天哪，让将来的研究者去调和这两个椭圆吧！谁知道到底是勒蒙尼耶粗心，还是另外有什么力在天王星上作用着呢！"可是，布瓦尔根据 1781 — 1821 年资料定出的轨道仍拴不住天王星。到 1803 年时，实际观测到的天王星位置已偏离它轨道规定的位置 20″。更糟的是，看来这个矛盾有增无减，到 1845 年时，偏差竟增大到 2′。

2′的角度似乎微不足道，因为这只相当于位于 318 米外一本 32 开书的张角，但天文学家却如芒在背，视之为奇耻大辱。因为在 200 多年前，开普勒只是根据火星运动中有 8′的误差，穷追不舍，创立了"开普勒三大定律"，他本人后来荣获了"天空立法者"的称号。如果他们现在对 2′的误差束手无策，将来百年之后有何面目去见他们的先辈?!

反复计算校验，仔细核对观测记录，都无懈可击，这使有些人甚至对牛顿万有引力都产生了怀疑——是否在遥远的星空出现了例外？不过，更多的天文学家却在推测，可能在天王星外面还有一个前所未知的"兄弟"在"引诱"它。正像如果你来到某处地方，手中的罗盘指针突然指向了不该指的方向，那十有八九可能是那儿有一块磁铁。你甚至可以根据失灵的罗盘顺藤摸瓜地把这块影响它的磁铁找出来。

如果天王星确是受未知行星的吸引，那何不从天王星的偏离方向和偏离的大小来找出这颗更远的行星呢？1834年，德国汉斯有一个教长就曾为此写信给英国皇家天文学会，建议他们追查这颗新行星。但事情太复杂了，要探求的未知因素实在太多，谁也不知道用什么方法来找，不少人把这视为畏途。所以英国皇家天文学会会长艾里就对教长的建议一笑了之，认为这是异想天开。

寻找新行星的事就一直停留在"纸上谈星"的阶段。但也有不怕虎的初生之犊：当时法国一个技校中有位名叫勒威耶的天文助教，原来只是个在化学实验室内打杂的小人物，由于1839年发表了几篇有关行星轨道变化的论文而受到巴黎天文台台长阿拉果的赏识。这次，阿拉果建议勒威耶来攻克这个难题。

勒威耶夜以继日地干了起来，很快他就纠正了布瓦尔表上的几个差错。一年之后，他从一个包括33个方程的方程组得到了答案，并在1846年6月与8月出版的《法兰西数学学报》上发表了题为《论使天王星失常的行星，它的质量、轨道和现在位置的结论》的重要论文。由于当时巴黎天文台没有详细的星图，他决定写信给德国同仁，请求柏林天文台将"望远镜指向黄道上黄经326°的宝瓶座，您将在此点周围约1°的区域内发现一颗亮度相当于9等的新行星。它的圆面略可依稀分辨，视直径不小于3″，每天运行约69‴"。

信在路上走了 5 天时间。在 9 月 23 日收到信的那天夜晚，柏林天文台的伽勒与他的助手迫不及待地打开了圆顶，不到半个小时，果然就在距勒威耶所说位置约 52′ 处找到了一颗星图上没有记载的小星。而且，目镜放大倍率增大时，即呈现为小小的圆面。9 月 24 日，他们又观测了一夜，发现它向西移动了大约 70″，一切疑云顿时烟消云散。9 月 25 日，伽勒再也按捺不住内心的喜悦，立即写信向勒威耶祝贺："亲爱的勒威耶先生，您给我们指出的位置上行星是真实存在的。"

后来人们发现，在勒威耶之前，英国有个不凡的青年亚当斯也事先算出了这颗未知行星的轨道，且二人算出的轨道有惊人的相似之处，所以后人把他们并列为海王星的发现者。

再后来人们从史料中发现，其实早在 17 世纪初伽利略就与这颗行星打过交道了。美国两位天文学家最近仔细研究了伽利略当年的观测笔记，发现他在 1612 年 2 月 8 日与 1613 年 1 月 28 日都见到过它。他在笔记中写道："从固定的星（即 SAO119234）向外，同一条直线上还有一颗我在前一夜也见到过的一颗星，而且似乎它们相距得更远一些了。"现代计算表明，那时候这颗行星正在附近，伽利略的记录是可靠的。

但在伽利略时代，人们根本不可能设想还有未知行星的问题。可见，要在科学上有所建树，不仅要有一丝不苟的态度，付出辛勤的劳动，更要有创新的精神，决不能让旧思想框住了头脑。

"海王"府上奇特的风光

勒威耶的功绩是空前的。英国皇家学会给他颁发了"柯普莱"奖章,阿拉果则建议把这颗新行星命名为"勒威耶"。但正像当年要把天王星命名为"赫歇尔"遭到普遍反对一样,人们对阿拉果的建议十分冷淡,还是希望用传统的行星命名法。人们从它外表的淡蓝色想到了大海,因此一致同意把它命名为"尼普顿",这是罗马神话中统治大海的海神的名字。

在希腊神话中,海神的名字叫"波塞冬",而且是天神之王宙斯的哥哥。海王掌管着 1/3 的宇宙,有着极大的权力和神通。他手中的那支三尖神叉寒光闪闪,可以让大地震撼,海浪滔天。在天文学上,海王星的符号是"♆"或"♆",是海神手中的武器。

海王星的轨道半径长为 30.13 天文单位(相当于 45 亿千米),绕太阳转一圈的时间约为 165 年。所以从 1846 年发现至今,它还未走完一个全程呢。

海王星与天王星是一对极为相似的孪生兄弟:它的半径是天王星的 97.4%,约 24750 千米。它们的质量也只相差 18%(海王星略大一些)。海王星的平均密度为 1.66 克/厘米^3,比水大不了多少。海王星和天王星的大气、内部结构状况也极为相似,在氢、氦为主的大气下有一层冰外壳……

海王星上的温度很低。因为在海王星上，太阳早已算不上"太阳"了，只有在望远镜中才可见到它（视直径约 1'）。海王星收到的太阳能只有地球的千分之一左右，所以那儿是极度严寒的冰冻世界。其表面温度在 -210℃以下，比天王星

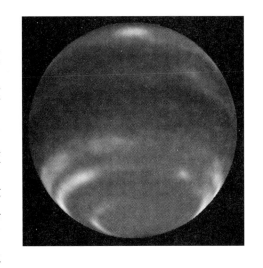

更胜一筹。它大气下的冰层（或海洋）估计也有 8000 千米厚，比我们地球的半径还大。

当然，在海王星上看到的天空中，太阳仍是独一无二的主角。它的光辉虽然不能与地球上的骄阳相比，但仍足以与 630 个中秋明月相匹敌，或者说，那儿阳光的强度相当于一盏 0.8 米外的百瓦电灯。

天王星有 20 个环带，海王星上有没有这种"装饰品"呢？对此，至今仍是众说纷纭。1984 年，美、法两国天文学家分别在智利的两个天文台同时观测 7 月 22 日的海王星掩星，最后得到的结论是：海王星有一个不连续的环带，其长度仅 100 千米，宽仅 10～15 千米。这在几万千米半径的海王星上，就像一片小小的云彩，所以会变得"时有时无"，让人捉摸不定。

然而，与传说赫歇尔当年见过天王星环一样，也有人声称见到过海王星环。一个酿酒商出身、在 1846 年 8 月 4 日见过海王星的英国天文学家拉塞尔，以百倍精神努力观

测新行星，1846年10月初，他认为他见到了海王星的光环。光环的方向几乎与赤道垂直。他当时使用的是口径60厘米的反射望远镜，最高放大倍率为567倍的目镜。

拉塞尔发现海王星光环的消息当时传得相当广泛。1847年1月，沙利斯和他的助手用口径30厘米的折射望远镜进行了多次检验，结果认为拉塞尔的推测是成立的，并详细地介绍了他所见到的海王星光环的情况：环平面对视线方向倾斜得很厉害，环的亮度与行星本身相当……

至于海王星卫星，以前人们认为只有两颗，但在1981年的掩星观测中，发现了小小的海卫三，其半径大约50千米。现在，人们已知的海卫也达到了二位数：13颗。

"旅行者"的最后冲刺

海王星发现至今不到170年，加上它那遥远的距离，人们对它的了解始终像雾里看花那样朦朦胧胧。1977年美国将两艘"旅行者"飞船送上天后，人们便翘首以待，期待着它们的佳音。"旅行者"2号自1986年2月25日飞离天王星后就以每秒16千米的巨大速度向海王星疾驰而去……

这一天终于来到了。1989年8月24日，经历12年宇航生涯的"旅行者"2号按时到达了航程的最后一站——海王星。那天20时56分（美国西部时间），它离海王星大气层只有4827千米（与当年设计要求相比误差仅33千米）。这时候，在"旅行者"2号的"眼"里，庞大的海王星身影足足占据了整个天空 1/4 的区域，实在是壮观极了。

海王星给人最突出的印象是，它是一个狂风呼啸、乱云飞渡、充满活力的世界，与 3 年前见到平静的天王星形成了鲜明的对照。在海王星厚厚的大气（主要成分为氢、氦、甲烷、乙烷等）内，狂风裹挟着白云（冰冻的甲烷云为主）飞速运动，时速可达 650 千米（相当于 180 米/秒）。此外，大气中还有众多湍急紊乱的气旋在翻滚……在海王星的南半球上有一个引人注目的卵形"大黑斑"。有趣的是，除了颜色不同外，其形状、相对位置和大小比例竟与木星上的大红斑如出一辙。经测定，其表面实际大小为 12000 千米×8000 千米，按着逆时针方向每 18 小时转一圈。因为其实际大小与地球相仿，所以实际的转动速度很大。一般认为它也是个大气旋，但不同于木星大红斑的是大黑斑似乎有"繁衍"能力，在沿经度方向，它的"身后"有许多小黑斑尾随着……

在大黑斑之南有两个亮斑 S1 和 S2，但实际上它们位于黑斑的上空。另外在南纬 51 度及 70 度处还有两个较小的黑斑，它们的范围略小，但颜色更黝黑，最南的小黑斑使南极区形成两条宽三四千千米的"黑带"，它们同样是令人惊心动魄的风暴区。

"旅行者" 2 号飞船

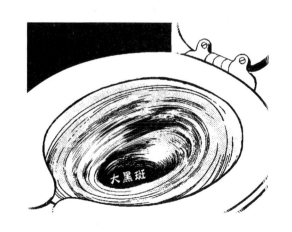

大黑斑

轻而易举地测出了海王星的磁场，其强度约为地球磁场的二三倍。所以海王星上空也有辐射带，也会产生绚丽的极光。但是与地球地磁两极就在南北极附近不一样，海王星的磁极与海王星的南北极偏差 50 度左右。所以如果将来宇航员降落到海王星上，他会发现带来的罗盘是多余的累赘。

根据资料推测，在厚厚的大气下面，海王星的表面是一种半凝结状的物质层，它的主要成分是甲烷、氢和水冰，其内部则有一个坚硬无比的固体核心。有人认为，在核心高温高压的作用下，甲烷会分解成碳和氢，而碳又会重新结晶为昂贵的钻石！将来把它开发出来，钻石将会因随手可得而变得比玻璃还不值钱……

原先人们对海王星的光环问题争执不下，现在则有大量的照片作证：海王星确有光环，且有 5 条之多。里面 3 条环比较模糊，估计是由被粉碎了的小卫星的碎片构成的。最里面的一个环实际上是一个尘埃层。较外面的两条环比较明亮，分别称为 1989N1A 和 1989N2A。稍里面的 1989N2A 比较完整。最外面的环只有几段弧特别明亮，仔细观测才知道，原来环中嵌着七八团大冰块（最大的直径有 10~20 千米），其余的则都是很小的冰晶及碎石……

"旅行者" 2 号访问海王星传回了 6000 多张珍贵的照片。这些科学资料在美国广播系统中连续播放了整整 7 个小时，使来自 7 个国家的 130 位科学家欣喜若狂。美国电视台播映的《黑夜中的海王星》传真录像也吸引了至少 270 万观众观看。

然而，科学家们不免也有些怅然，因为这实际上是"旅行者"的"最后冲刺"。在离开海王星后，曾给我们发回了 5 亿个宝贵数据的飞船已大体完成了历史使命。如果不发生

任何意外，在 29.6 万年后，"旅行者" 2 号将飞到天狼星的范围。倘然那儿确有技术先进的"天狼星人"，那么他们就会设法截获这艘飞船，找到那张精心设计、保护严密的铜质镀金唱片，破译出太阳系地球人类的最基本的信息，从而顺藤摸瓜，与我们地球人结交……

"发现第十大行星"是误区

2004 年 3 月 15 日，美国航空航天局宣布，加利福尼亚理工学院的行星天文学副教授迈克尔·布朗与其同事发现了太阳系中的"第十大行星"（那时冥王星还是第九大行星）。消息传出，世界轰动。当时这颗新发现的第十大行星已被命名为"塞德娜"——因纽特神话中的"海洋女神"。他们还测定，塞德娜是一个由冰团与石块组成的天体，直径在 1280～1760 千米之间，其表面温度为-240℃，自转周期长达 40 天。它绕太阳的轨道很扁；最近时为 128 亿千米，而最远时则达 1340 亿千米（相当于 85.3～893.3 天文单位），所以其绕太阳公转一圈的时间长达 10500 年。

对于将"塞德娜"列为"第十大行星",我国多数天文学家不以为然。国家天文台研究员李竞教授指出,在冥王星外存在一个"柯伊伯带","塞德娜"只是"柯伊伯带"中的一个质量较大的天体,将其列为第十大行星的科学依据是不成立的。北京天文馆馆长朱进博士也认为,应把"塞德娜"称为"海王星外天体"(现在称之为"柯伊伯天体"),因为它的体积比较小。朱进还指出,在海王星轨道以外仍有时能发现像冥王星、"塞德娜"那样大小的天体,但不能说发现这样的天体就等于发现了新的太阳系大行星。

塞德娜在我国天文界遭到了冷遇,可不知什么原因,我国许多媒体却对其表现出异常的热情。河南省一些媒体纷纷报道,声称河南温县农民天文地质学家职颖法早就预言了太阳系第十大行星的存在。《农民天文学家与太阳系第十大行星"擦肩而过"》《针灸医生据称 17 年前就已推断出存在第十大行星》《民间天文学家预言第十颗大行星》等醒目标题频频出现于报端……后来全国的许多报刊都陆续进行了大量的报道,似乎为我国无端失却了一次重大发现的机缘而无限惋惜。

事情真是如此吗?据说职颖法于 1988 年提出了一个太阳系演化新说——循环日爆说,认为太阳系内的 9 颗大行星都"来自太阳的爆炸",而这些"爆炸"都可从地球的岩层中"找到依据"。如我们地球与月球是 12.3 亿年前,太阳的第 3 次爆炸中形成的,而这"第十颗大行星"则是在 4.4 亿年前太阳的第 14 次爆炸中形成的,他还将它命名为

"中国星"，离太阳平均 44.94 天文单位。可惜的是，这位"农民天文学家"因为只是个农民，患病后无钱医治，最终含恨而逝……

对于职颖法个人的坎坷生活经历和探索精神，人们无法不表示深切的同情与钦佩，但科学毕竟不能被感情左右。对于天文学稍有了解的人都明白，从 19 世纪初到 20 世纪中叶，各种太阳系起源"爆炸说"都曾轰动一时，但没有哪一个能经得起科学的检验。科学早已证明，九大行星与太阳都是由同一团星云凝聚而成的，这不仅是现代科学公认的理论，也得到了观测资料的证实。再说，发现行星，更重要的是要算出其轨道，并从观测中得到进一步的证实。例如，如果当年没有德国的伽勒在勒威耶预言的天区内观测到未知行星，谁会承认海王星的发现？所以退一万步讲，即使职颖法的"预言"有可能成立，但没有观测的证实，也根本谈不上"发现"。何况职颖法的"理论"至多只能算是一种猜测，即使不是伪科学，也只能说他是"盲人骑瞎马"，重蹈了前人的错误而浑然不知……

这种事情可不只一件。60 多年前就曾有过类似的闹剧：1940 年，中国 27 岁的留法学生刘子华经过近 3 年的努力向巴黎大学提交了一篇博士论文《八卦宇宙论与现代天文学——一颗新行星的预测》。据称他用八卦运算推算出了存在冥王星外的"第十大行星"，他称其为"木王星"。而且，因他的论文于 11 月获得"全票通过"，所以刘子华获得了法国国家博士学位。1945 年，刘子华在欧洲曾大肆宣传太阳系"第十大行星"已被他发现了。回国后，他更大言不惭地到处宣扬"我怎样发现一颗新行星"，他还特地请了几个根本不懂科学和天文学的官僚（包括国民党的宣传部长）、"名人"出来写文章捧场，说是刘先生"发现"了新行星。一时间在当时重庆等地的报纸上大大地宣传了一番。

然而科学就是科学。重庆《新华日报》于1945年11月26日发表署名"朴英"的文章《荒谬的"木王星"》予以批判："以八卦这样原始的工具居然可以发现一个新行星，这是违背天文常识的。任何一个在大学里学物理或是算学的学生，都会明白像八卦那样的东西——一个运动方程也没有——是绝不能用来发现什么新行星的。"作者还以愤怒的心情在文中提到"近年来在中国，真科学被丢在一边，伪科学却大摇大摆地被人奉为神明。天文物理学家在昆明摆地摊，没人管，文运会倒在捧'八卦式天文家'"。

著名天文学家张钰哲也于 1945 年 12 月 16 日在重庆《大公报》上针锋相对地发表了批评文章《你知道行星是如何发现的么？》，用行星是怎样被发现的历史事实，驳斥刘子华所谓已经发现了新行星的谬论。

历史是很好的镜子。我不禁想起了 20 世纪七八十年代风行一时的"特异功能"。如果我们不能逐步提高广大群众的科学素养，那么诸如此类的各种问题将不时会沉渣泛起。

├─ 被降了级的行星——冥王星

在海王星的轨道之外还有一颗命运多舛的星——冥王星。它是人们沿用寻找海王星的方法经历几十年的辛劳才找到的，当时人们毫不犹豫地把它当作了"位于太阳系边陲的老九"。可是后来才发现它的质量太小，根本不足以让海王星运动异常；它的轨道又扁又斜，与其他的行星格格不入；把它归入类木行星吧，它个头太小，又没有卫星（冥卫一直到 1978 年才被发现），说它是类地行星呢，却又是最远，密度也不够大；所以它的行星身份一直受到人们的质疑。2006 年 8 月，国际天文学联合会在布拉格召开大会，终于通过投票的方式把已称了 76 年之久的第九大行星正式降级为"矮行星",从此,太阳系中的行星就只有 8 颗。但有关冥王星的一些故事还是耐人寻味、给人启迪······

难产的天体

为解释天王星的运行异常,人们发现了海王星,但后来知道海王星的质量比亚当斯和勒威耶当初估计的小得多。因此,海王星还不能完全解释天王星的"出轨"问题,它的引力还不够大,大约仍有 $2''$ 的误差没有着落。

不仅如此,海王星本身也有些失常的表现,人们因此想到了"海外行星"的问题。法国天文学家弗拉马里翁在 1879 年曾预言,这颗"海外行星应当是很暗的,亮度不及 12 等,而且它在星空中的运行必定异常缓慢"。另一位美国天文学家柯克伍德从彗星的研究中也得出结论,认为存在海外行星是肯定无疑的事情。1909 年,另一个天文学家甚至认为海外行星可能有不止 1 颗······据统计,从 1877 年到 1915 年的 38 年中,各国天文学家先后发表的有关"海外行星"的论文达 11 篇。那时候,许多人都极力想仿效亚当斯、勒威耶的方法,先从方程中去"解"出它应在的位置,再用望远镜去寻觅。但可惜得很,他们之中谁也没有勒威耶那样的好运气。

在"海外行星"热中,最乐此不疲的是当年竭力鼓吹火星运河的美国富翁、后来成为天文学家的洛厄尔。他用自己的资金建造的洛厄尔天文台就是专门用于行星研究的,当年曾拍了大量的火星照片，现在则又用于寻找未知的新行星。洛厄尔那时已不仅精通天文学，也有了相当高深的数学造诣，所以他对勒威耶的方法作了简化，于 1905 年就得到了答案。1915 年，他发表了一篇长达 125 页的论文，把海外行星称为"行星 X"，认为它的质量为地球的 7 倍，离太阳的距离约 48 天文单位，圆面视直径 1″，亮度 12～13 等。洛厄尔为此拍摄了大量照片，反复地在茫茫星海中搜寻。可惜，1916 年他猝然逝世……

　　3 年之后，另一位美国天文学家、威尔逊天文台的皮克林开始重新研究这个激动人心的大难题。他仍是沿着前人的老路向前摸索——列出一系列复杂的方程组，进行大量繁复的运算，用大望远镜在相应的天区拍照，再在底片上仔细辨认……人们事后才知道他那些资料中至少有 4 张底片已留下了海外行星的身影，但当时谁也没有想到它只是一颗 15 等星。要知道，在大望远镜拍摄的星空底片上，15 等星的数目总在几万、几十万左右。这就像要在一个小城市中寻找一个素不相识的陌生人，其困难是可想而知的。难怪皮克林在几经挫折后不得不放弃了这项工作。寻找海外行星的工作又一次冷落了下来。

　　唯有洛厄尔天文台的工作人员仍遵从洛厄尔的遗嘱，把寻找海外行星作为长期的科研项目。1925 年，他们制造了专门的、更有效的照相仪器，使他们可得到范围较大的底片，而且可以拍到 17 等的暗星。如果海外行星诚如所算那样，必然会被网笼在内。不过要把它找出来，却比大海捞针还难——在 42 厘米×37 厘米的底片上，密密麻麻的星像少说有 5 万左右，多的竟达 30 万以上，常人一见到这样的底片就头昏眼花了，哪里还有本领去辨认在星空中移动着的小不点儿？

然而，当时天文台内有个耐心极好的年轻人，他就是 23 岁的汤博。他利用刚发明不久的一种"闪视比较仪"，从 1929 年 1 月开始到 1930 年 3 月，花了大约 7000 多个小时，检查了 32200 万颗星像，终于在双子 δ 附近发现了一个陌生

的星点，在 1 月 23 日及 29 日的两张底片上，它已稍稍向东移动了一段距离。汤博跟踪追击，在同一天区又拍了一张底片，一切疑云都扫除了。3 月 13 日正是老台长洛厄尔 75 周年诞辰日，他们终于得到成果。

新的行星就在洛厄尔计算位置的不远处——相差大约 6 度，而根据汤博资料算出的实际轨道与洛厄尔计算预报的轨道也相差不大。

经过几十年的曲折，众人坚信，太阳系的第九颗大行星终于被找到了。

绝妙的星名

洛厄尔天文台历经千辛万苦发现了第九大行星，可叫

它什么名字呢？台长斯利弗尔为此十分苦恼，因为各种建议弄得他无所适从。洛厄尔的遗孀一下就提出了三个方案——"宙斯"、"洛厄尔"以及她自己娘家的姓名。不少天文学家绞尽脑汁，各种神灵的名字一一被送到斯利弗尔的办公桌上：普罗米修斯（为人类盗火的英雄）、大力神赫拉克勒斯、双肩擎天的巨神阿特拉斯、神后赫拉、智慧女神雅典娜、胜利之神奥丁……但没有一个名字使他满意。

　　灵通的记者早已把消息传到了欧洲大陆。14 日那一天，在英国牛津大学图书馆工作的马丹先生正与家人在一起边看报纸边吃早饭。马丹把报上关于 X 行星有待命名的消息念给女儿及外孙女听。哪知沉默了一二分钟后，11 岁的小姑娘凡纳提娅开口了："可以把它叫做'普路托'（中译为'冥王星'）。"马丹顿时心中一动，他赶紧写了一封信送给了天文系教授特纳："亲爱的教授，今天早餐时我意外地听到一个新名字——'普路托'，那是我的小外孙女想出来的好名字。因为那颗星球上一定暗无天日，冥王正是阴曹地府的主宰……"

　　特纳见信后大喜过望，立即给斯利弗尔发了一封急电："给新行星命名，请考虑用'普路托'，这是小姑娘凡纳提娅·布尔妮给黑暗行星的提议。"

　　特纳的电报来得正是时候。斯利弗尔高兴万分，这真是最恰当贴切不过的名字了：冥王统治的是阴森森、黑黝黝的阴曹地府，冥王星在离太阳 60 亿千米的远处，它的确几乎永远是"暗无天日"的世界；再说，普路托（Pluto）

的头两个字母，可以看作洛厄尔天文台创始人的姓名缩写（Percival Lowell）。

5月1日出版的《洛厄尔天文台公报》上刊出了一则启事："……我们收到过许多建议，而'普路托'则最相宜不过，因此我们已向美国天文学家推荐这个名字。我们还建议用'♇'作为这颗行星的天文符号，它就是该名字的头两个字母，很容易记住，且不会同其他的行星符号混淆。"

普路托是罗马神话中的名字，在希腊神话中冥王叫哈得斯。哈得斯也统治着1/3的宇宙——冥府。冥王哈得斯、海神波塞冬、主神宙斯是地神盖娅所生的同胞三兄弟，他们曾并肩作战，推翻了父亲天王克洛诺斯的统治。

尴尬的处境

在《伊索寓言》中有个鸟兽争斗的故事。鸟与兽两军对垒，阵线分明。这使蝙蝠犯了难：它去投奔走兽，被它们驱逐了出来，因为它长着双翅，能在天空中飞翔；它去投奔鸟类，鸟类又把它当作兽类派来的奸细，原因是蝙蝠有着可以爬行的四肢。

在20世纪70年代以前，冥王星的处境就有些像这则童话中的蝙蝠。因为那时天文界认为太阳系中的九大行星应当分两类：类地行星和类木行星。前者即是质量和体积较小的水星、金星、地球和火星 4 颗行星。它们的平均密度较大，卫星很少，而类木行星则刚好相反。类地行星离太阳都很近，类木行星都很远。

可这些标准都无法适用冥王星。开始人们认为它的质量是地球的 9 倍，半径是二三千千米①，因此平均密度很大，似乎应与类地行星为伍，可距离却又最远……这使人左右为难，无所适从。

冥王星的轨道也与其他 8 个兄弟有较大的区别。首先，它的轨道在九大行星中是最扁长的，其偏心率达到 0.25，所以远日点时它离太阳远至 74 亿千米，而最近时（1989 年）仅 44 亿千米，比海王星离太阳还近。事实上，在从 1979 年开始的近 20 年间，冥王星已变成了"海内行星"。

冥王星的轨道倾角也是行星之"最"，达 17°10′，而其他行星都只是 1°～2°（仅水星为 7°），所以实际上它与海王星永无相见之日。它们最近的时候也有 2.6 天文单位（将近 4 亿千米），比火星上合（即离地球最远）时的地火距离还远一些。

----

① 洛厄尔当初估计冥王星质量是地球质量的 7 倍，皮克林推测其质量是地球质量的 2 倍，但后来的观测表明它质量与地球相仿。在 1971 年前，人们认为冥王星为 0.8 地球质量，半径为 3200 千米。（这样平均密度达 35 克/厘米³，比铅还重 2 倍），1971 年又定为 0.11 地球质量和 3000 千米，这样平均密度为 5.8 克/厘米³，比地球略大。

　　1978年，冥王星的卫星冥卫一（卡戎）发现后，问题更有了戏剧性的变化。人们由此定出了它的准确质量。我国戴文赛教授根据最新资料，经过深入的研究，对行星分类提出了新观点：分为类地行星、巨行星及远日行星三类。"蝙蝠"的苦恼从此结束。因为这三类行星不仅各有鲜明的特色，而且也为行星的起源、演化提供了合理的说明。当然现在冥王星已被降级，另当别论了。

　　1996年已经大修过的"哈勃"太空望远镜对冥王星作了连续一星期的观测，使人类第一次见到了它整个表面的照片，看清了它两极也有冰冠，表面上也有一些暗暗的条纹，还有几个反差很大的区域——人们推测亮区可能是氮冰，暗区主要是甲烷冰。它还证实，冥王星有一层薄薄的大气，其主要成分是氮、甲烷和一氧化碳。在最近因处于近日点附近，有些冰层会溶融、蒸发，所以大气较厚密。以后随着远离太阳大气会变得更加稀薄。

根据科学家们测定，即使在阳光普照时，冥王星表面上的温度也只有-223℃左右，到夜晚则可达到-253℃。在这样低得怕人的温度下，不少物体的性质会发生奇妙的变化。例如，平时不堪一击的鸡蛋会变得像皮球那样富有弹性，"以卵击石"也不会有什么灾难性的后果了……

2005年5月15日，哈勃望远镜拍摄到冥王星身旁还有两个天体，它们的亮度大约只有冥王星的1/5000。图像数据分析显示，两个新发现天体正在冥王星附近各自的圆形轨道上绕着中央的冥王星运转。

新发现的这两颗冥王星卫星候选者暂定名为"S/2005 P1"和"S/2005 P2"。它们的圆形轨道半径分别为44000千米和53000千米，现在它们已有了正式的命名——尼克斯和许德拉。"尼克斯"是希腊神话中的黑夜女神，"许德拉"是希腊神话中的九头蛇怪。选取这两个名字的部分原因是它们的首字母N和H正好是冥王星探测器"新地平线"号的英语缩写。这两颗卫星从此算是有了太阳系的"户口"了。

研究小组成员安德鲁·斯特佛介绍称："到现在为止，研究小组已经对冥王星附近区域进行了非常详细的观测。目前，除上述两颗卫星之外，已经再没有发现直径在16千米以上的天体存在的迹象。"

为什么要把冥王星开除出行星行列

1930年3月，美国天文学家汤博发现了冥王星后人们极为兴奋，满心欢喜地欢呼太阳系有了第九大行星。但是，也有人觉得冥王星的运行轨道太特别了，与其他行星明显不同，简直不像行星。关于冥王星的质量、大小一直有争论，1978年发现了它的卫星冥卫一"卡戎"后问题就更大了：它的质量只及地球的1/5000，半径仅1150千米，根本难以与其他行星"称兄道弟"。即使把它放到卫星世界排大小，也只能排到第8位。所以人们对它的行星资格更加疑虑重重。

尤其是在发现了"塞德娜"与"齐娜"等个头与它相仿的天体后，人们对它的异议也就更为厉害了。所以一度有人提出要把小行星的"老大"谷神星、"塞德娜"与"齐娜"等一起称为大行星，也就是把行星的阵容扩大到12颗。

除了太阳系不断有新成员发现外，天文学家在其他恒星周围也发现了许多"地外行星"。截至目前，这样的地外行星已经超过了200颗。这些发现使得行星这一概念需要与时俱进地作出改变。因此，提出一个合理的行星定义，不仅是解决太阳系新天体"身份问题"的需要，也有助于我们对太阳系以外的类似天体进行分类。

2006年8月，国际天文学联合会在布拉格召开大会，其中有两项议程是讨论行星的有关问题。经过非常激烈的争论，与会者最后于24日进行了投票表决。冥王星终于失去了端坐76年之久的"行星"宝座，同时遭遇"不幸"的还有谷神星和半路夭折的"第十大行星"2003 UB313（齐娜）。天文学家们为这些被清理出行星门户的天体设立了"安慰奖"——叫做"矮行星"。谷神星、冥王星及 2003 UB313 等成为太阳系的第一批矮行星。行星世界从此有了新的章程。

决议内容还有：太阳系内的天体分为行星、矮行星与小天体三类。行星只有水星、金星、地球、火星、木星、土星、天王星及海王星 8 颗，这支队伍以后也不再"扩容"增加。而冥王星所属的"矮行星"的确定有四个条件：①它们在绕太阳旋转；②本身近于球状；③尚未清空轨道附近的区域；④肯定不是卫星。由此可见，它们与行星的区别就在于③，行星的轨道区域内是"只此一家"，只有行星本身一颗天体，而矮行星则可能在它那个区域中还有很多颗类似的天体。

这一次天文学家所确定的矮行星只有冥王星、2003UB313 及谷神星 3 颗，但人们确信，至少还有如塞德娜、夸瓦尔、2000KX76、2003EL61、2005FY9 等有待确证，而且在柯伊伯带内，直径在 400 千米以上的此类天体应有好几百颗。因此将来矮行星可能会有成千上万。

小天体篇

├─ 迷你行星——小行星

太阳系除了有 8 颗行星外，还有许许多多小行星。小行星除了身材难以与大行星平起平坐外，其他方面几乎没有什么不同。它们都在提丢斯定则规定的轨道位置上绕太阳运行不息；它们同样在星空中会表现出顺行、逆行及留等复杂行为；它们也有冲日、方照等行星固有的特征。但据 2006 年国际天文学联合会的决议，绝大多数小行星都应属于太阳系中的第三层次。小行星发现较迟，而且长期为人所忽略。如今，随着空间探测的发展，小行星在科学舞台上的作用日益突出起来。

涉嫌剽窃的天文学家

美丽和谐的大自然使很多人坚信宇宙也一定是和谐的。从古希腊时代起就有不少人一直在探求天体间的和谐关系。1764 年，荷兰著名学者查理斯·本生撰写了《自然的探索》一书，获得很好的反响，很多国家争相翻译。德译本

的翻译者是一位 37 岁的
中学教师——威丁堡的
提丢斯。他一直在潜心
探求行星距离的规律。
在翻译时，他把自己的
研究成果插进了译文中
间："只要我们对行星之
间的距离稍稍留神一下

就不难发现，它们之间距离的间隔随着它们与太阳距离的
增加而增大。倘若设土星到太阳的距离为 100 天文单位，
则水星的距离就为 4 天文单位，金星离太阳为 4+3＝7 天文
单位，地球为 4+6＝10 天文单位，火星为 4+12＝16 天文单
位，但从火星再向外就出现了例外。按理说火星以外星体
的位置应为 4+24＝28 天文单位，但现在那儿既没有行星也
没有任何卫星存在。难道造物主使一个行星离开了这儿才
造成了这个空隙吗？不！我们可以满怀信心地打个赌，那
儿一定会有天体……越过这个例外后，到木星的距离为 4+
48＝52 天文单位，土星即为 4+96＝100 天文单位，这是多
么美妙的关系啊！"

可是，提丢斯书中阐述的这个奇妙关系当时未能引起
人们的广泛注意。一直到 1772 年出版译作的第 2 版时，这
段话引起了德国柏林天文台的年轻台长波得的兴趣。他把
提丢斯的这段文字未加任何说明放进了自己的著作。提丢
斯是默默无闻、名不见经传的中学教师，而波得是天文台

台长，同时还是几个国家的科学院院士，所以人们一开始就把提丢斯的发现不恰当地称作了"波得定则"。

	n	公式计算值 R_n	实际值
水　星	$-\infty * ①$	0.4	0.387
金　星	2	0.7	0.723
地　球	3	1.0	1.0
火　星	4	1.6	1.524
？	5	2.8	
木　星	6	5.2	5.205
土　星	7	10.0	9.576

尽管波得在此事上有些不太光彩，但他毕竟对这条定则也作出了巨大贡献。他极力进行宣传，在辩论中不遗余力地维护它，还把它数学化，得到一个公式：

$$R_n = 0.4 + 0.3 \times 2^{n-2}$$

其中的 R_n 就是第 n 颗行星与太阳之间的距离（以天文单位为单位）。波得还论证说，在 $n=5$ 的地方应当有颗行星，并指出这颗行星"绕太阳一周应为 5.4 年"。现在，多数人倾向于把这一定则称为"提丢斯—波得定则"。

"提丢斯—波得定则"历来是天文学上争议最多的话题，至今仍有一些人拒不承认它的科学性，认为它充其量不过是帮助人们记忆行星距离的一种别出心裁的方法而已。

不过更多的人相信它有深刻的含义，巧合哪有这么一

---

①　这儿例外，应以 $n=-\infty$ 算。

连串的？尤其是赫歇尔 1781 年发现天王星后，它与太阳的距离为 19.28 天文单位，正好与 $n=8$ 时不谋而合。这更增强了他们的信心。

既然如此，在 $n=5$ 的地方——火星与木星的轨道之间应当还有一颗行星在天上漫游。天王星那么远都可以被人发现，那么比天王星近几倍的兄弟也应当可以找到。

波得大声疾呼，要大家合作寻找这个至今不归家的兄弟；巴黎天文台还建议请 24 个天文学家分工，每人负责黄道上 15°区域来反复搜索；德国有个乡村小镇甚至专门成立了一个由若干天文学家组成的"天空巡警队"，准备用几架质量相当好的望远镜在星空中编织起天罗地网，决心要在这方面捷足先登……一时间，争当"赫歇尔第二"的热潮席卷了欧洲大陆。

天壤之别的发现者

"有心栽花花不开，无心插柳柳成荫。"大约是成功女神生性比较诙谐：一心寻找未知行星的人 10 多年来两手空空，可原先对这个"兄弟"没有多少感情的，却意外地见到了它。

1801 年 1 月 1 日是 19 世纪的第一夜，意大利巴勒莫皇家天文台台长皮亚齐在金牛座中突然发现了一个陌生的星点。皮亚齐当时正在编制一本新的星表，他对寻找火、木之间行星的事虽也有所闻，但没有专门花时间去探索。可现在，陌生的天体竟自己闯进了他的视野。他当机立断，立即追踪这个相当于 8 等星的不速之客。

第二天，他又对准了昨夜观测的天区。这颗奇怪的天体亮度几乎没什么变化，但却在星空中向西移了大约 4′的距离。在常人的眼里，4′的间隔简直是微不足道的，但这时却表露了它的身份——太阳系天体。西西里岛的坏天气使皮亚齐对它只连续跟踪了 41 个夜晚，但已目睹了它从"逆行"经过"留"变为"顺行"。

皮亚齐发现新星的消息传到德国，波得毫不怀疑地肯定，皮亚齐发现的正是他们多年来梦寐以求的位于火星与木星之间的新天体。"天空巡警队"也发表文章说："皮亚齐发现的很可能就是长期以来人们所设想的存在于火星与木星之间的太阳系内的新行星。"

德国青年数学家高斯帮助皮亚齐算出了它的轨道。果然，其轨道半长径为 2.77 天文单位，与提丢斯-波得定则规定的 2.8 天文单位只有 1% 的差别，而它绕太阳的公转

克瑞斯

周期与波得当年预言的 4.5 年也仅相差 1 个月。必定无疑了，它就是人们寻找已久的行星！皮亚齐最初想把它命名为"费迪南蒂娅"，这有取悦西西里国王费迪南三世之嫌，当然不会为科学家们所接受。后来皮亚齐灵机一动，改称它为"克瑞斯"，这是罗马神话中的收获女神，恰好又是西西里岛的保护神，而且她还是朱庇特（木星）的小妹妹。这个十分贴切得体的名字中文译为"谷神星"。虽然现在它已被归入"矮行星"之列，但习惯上，人们仍然把它看成是小行星——最大的小行星。

谷神星使 55 岁的皮亚齐变成了世界闻名的新闻人物，他被学术界一致推荐为那不勒斯皇家学会会员，以他的头像制成的各种装饰品、纪念品也风行一时，他的"粉丝"更是不计其数……

但是在一片颂扬声中，也有人提出了它的美中不足之处——按照谷神星的亮度计算，它的直径只有几百千米，即使与月球相比也小了很多，它能与地球平起平坐吗？这个疑团使"天空巡警队"认为在火、木之间的真正的行星并不是已发现的谷神星，它尚未露面，有待人们继续寻找……

为了证实自己的推测，这些德国人热情不减当年，仍旧夜夜坚守在望远镜旁，努力在黄道区域附近搜索。功夫不负有心人，1 年之后，终于有了收获——1802 年 3 月 28日，"天空巡警队"成员之一、医学教授奥伯斯在室女座附近的天区果然也擒获了一个新天体。它的亮度与 7 等星相当，初步计算的轨道半长径约是 2.8 天文单位。奥伯斯当仁不让，把它叫做"帕拉斯"，我国译为"智神星"。她相当于希腊神话中的智慧女神兼女战神雅典娜。

不料天文学界对奥伯斯发现"智神星"的反应十分冷淡。这与 1 年前皮亚齐的情形形成了鲜明的对照。为什么呢？因为当时人们认为"空隙"早已为谷神星填满了，"卧榻之侧，岂容他人酣睡！"习惯观念使"智神星"成了"不受欢迎的人"。还有，智神星的发现使天文学家必须改变旧有的观念，而这又不是件容易的事。甚至连威廉·赫歇尔也感到进退维谷，希望奥伯斯发现的或许只是一颗新彗星而已。他婉转地说："如果它们（指谷神星与智神星）不是同一种类的天体，波得定则仍是可以成立的。"

奥伯斯当时不仅没有得到什么荣誉，甚至还被人咒骂，说行医者来搞天文纯粹是"狗逮耗子"……

五花八门的芳名

1804 年 9 月，"天空巡警队"又发布新闻，在那个区域内发现了第 3 个新行星——婚神星。于是人们茅塞顿开：或许那儿有许多这种小天体——小行星。果然，1807 年奥伯斯发现了第 4 颗——灶神星。到 1868 年时，小行星的数目突破了 100 大关。1879 年，第 200 号小行星问世。8 年之后数量超过了 300。1923 年 11 月，小行星总数跃入四位数。现在每年发现的小行星可数以千计。到 1997 年 4 月 22 日，已知（算出轨道）的小行星数已达 7625 颗，现在有正

式编号的成员竟超过了 10 万
之众。

　　开始时，人们可以从罗
马、希腊神话中信手拈出一
个女神名字加到它们的头上，
例如（3）为婚神星[①]，（14）
艾琳为和平女神，（78）狄安
娜即是月神，甚至像长有怪
眼的女妖美杜莎、狮身人面
的斯芬克斯也分别成为（149）、（896）小行星的芳名。

　　为了维护神仙队伍的"纯洁"与"宁静"，最初规定小
行星的名字一律要女性化。为了它们的命名，甚至还爆发
过一场激烈的争吵。事情得从英国天文学家欣德说起。欣
德是探索小行星初期卓有成绩的 3 个天文学家之一，他发
现了（7）、（8）、（12）、（14）……等几十颗星。1850 年，欣
德发现了第 12 号小行星，他轻率地许以英国女王"维多利
亚"的名字。这个名字使大洋彼岸的美国天文学家拍案而
起，他们对当年英国统治者奴役美洲的殖民政策记忆犹新，
于是借口要维护"天堂"的神圣，大兴问罪之师。

　　英国人则因事关"国威"，也不肯退让，于是争论逐步
升级，最后发展到人身攻击：美国人骂欣德奴颜媚骨，利
欲熏心，英国人则反唇相讥，认为为发现的天体命名是他

_____

　　① 小行星通常以发现时间先后编号，常用括号表示，如（2）、（5），
表示第 2 号、第 5 号。

们的神圣权利，他人无权干涉，"山姆大叔"是"吃不到葡萄的狐狸"……亏得后来有人搜索枯肠，找到了一个罗马小神——胜利女神才解了围，因为她也姓"维多利亚"。这使争论双方都保持了体面，一场轩然大波才渐渐平息下来。

科学是没有国界的，天空更不是哪个民族的专利品。所以在小行星庞大的神灵行列中，也出现了不同"国籍"的女神。例如（131）瓦拉就是印第安神话中的一个掌管大山洞的女神，（161）阿索则"出身"于埃及，她长着母牛的脑袋，有无上的权力，掌握着日轮的运行……

目前在小行星的女神队伍中，出自中华民族（中国神话中，女神的比例本身也少得可怜）的仅一颗，那就是（150）女娲。女娲在我国备受崇敬，她不仅创造了人，还把人类从水深火热的灾难中解救出来……不过，发现女娲小行星的不是我国的天文学家，而是美国的华生。华生于1874 年来中国观测金星凌日，在中国备受优待，所以他给发现的第 150 号小行星取了中国名字。

神话名字固然浪漫有趣，但有限的神仙队伍终有穷尽之日。随着发现的小行星越来越多，人们只得让神仙施展分身术，如同一个智慧女神，除了 2 号帕拉斯外，还有（93）密纳发（罗马名），（881）雅典娜（智慧女神的姓）。而那个长着双翅、手执银弓的小爱神，曾分别命名了 3 颗小行星——

（433）爱洛斯（希腊名字）、（763）丘比特（罗马名）和（1221）阿摩尔（拉丁名）。

后来，分身也分不过来了，于是只得另找出路。其实不少天文学家早有先见之明，如意大利的特加斯帕里就把他 1852 年发现的（20）命名为马赛利亚（法国名城"马赛"女性化），而（21）留提西亚则是巴黎的古代名字。接着，以洲为名的有（67）亚细亚、（52）欧罗巴、（1193）阿非利加……国家名有（136）奥地利、（434）匈牙利、（916）美利坚、（1125）中华……城市名则有（334）芝加哥、（498）东京、（2045）北京……

19 世纪时，科学家们是坚决反对凡夫俗子上天的——哪怕他（她）是尊贵的君王。可是后来他们坚持不住了，自己也被人一一"捧"上了天。在小行星的花名册上，我们可以找到许多第一流的大科学家，如（662）牛顿、（2001）爱因斯坦、（697）伽利略、（1134）开普勒、（2000）赫歇尔等。当小行星数超过 1000 颗时，人们想到了那些发现小行星的先驱者，于是（1000）便叫皮亚齐，（1001）为高斯，（1002）为奥伯斯。以宇航员为名的小行星共有 11 颗：（1772）加加林是人类第一个闯入太空的英雄，另外有 3 颗小行星则是为了纪念苏联的 3 位宇航员，他们乘"联盟 11 号"作环球航行，于 1971 年 6 月 30 日返回地球途中因座舱密封不严而窒息丧生：（1789）多布洛伏尔斯基、（1790）伏尔科夫、（1791）巴扎耶夫。同样，1986 年 1 月 28 日，美国航天飞机"挑战者"号失事，7 位宇航员被分别命名了 7 颗小行星。

为纪念"挑战者"号宇航员命名的 7 颗小行星

小行星编号	小行星名	发现时间	纪念的宇航员
(3350)	斯科比	1980.8.8	（机长）弗·斯科比
(3351)	史密斯	1980.9.7	（驾驶）迈·史密斯
(3352)	麦考利夫	1981.2.6	（女教师）克·麦考利夫
(3353)	贾维斯	1981.12.20	（专家）格·贾维斯
(3354)	麦克奈尔	1984.2.8	（专家）罗·麦克奈尔
(3355)	龟从	1984.2.8	（专家）埃·龟从
(3356)	雷斯尼克	1984.3.6	（专家）朱·雷斯尼克

在众多的科学家行列中，还有一个天文爱好者也跻身于此，他就是（2863）梅耶。本·梅耶是美国业余天文学爱好者，他最先拍下了 1975 年天鹅新星的照片。

还有一些小行星的名字更怪，例如（1620）地理星，其名称是为了感谢美国国家地理协会对于天文工作的资助和支持。还有 1 颗叫 Ara（阿拉）的小行星（849），则是美国一个救济机构英文名字的缩写，这个机构为 1922 年俄国大饥荒提供了许多粮食援助，拯救了不少生命。此外还有些有趣的名字如（227）哲学、（1224）幻想……

看起来小行星取名可以随心所欲，其实不然，国际上有明文规定，政治家及军事家不得入席，其原因不言自明。

国际上还规定，小行星在确认（不仅要算出准确轨道，而且要依此观测到它 3 次以上冲日）获得正式编号之前都只能用年份加两个字母的临时编号。编号虽是临时，规则却相当严格。不用说，年份即是发现之年，两个英文字母各有不同含义：第一个字母表示发现的月份（还分上半月、下半月），去掉 I 不用，从 A 到 Y 是 24 个字母，后面的字母则表示是该半月中见到的第几颗。例如北京天文台发现的极近地小行星 1997BR 即是该年 1 月下半月发现的，该半月中它是第 17 颗。

小行星临时编号规则

月	上半月	下半月	月	上半月	下半月
1	A	B	7	N	O
2	C	D	8	P	Q
3	E	F	9	R	S
4	G	H	10	T	U
5	J	K	11	V	W
6	L	M	12	X	Y

"名分"难定的小行星卫星

天文学家尝到了从天王星掩星的观测中发现天王星环带的甜头后，乘胜追击把这一方法用到了观测小行星上。正好，1978 年 6 月 7 日就有这样的机会：第 532 号小行星赫尔克列娜掩食恒星 SAO120771，美国正是理想的观测地。

于是洛厄尔天文台的望远镜对准了那颗恒星，望远镜的终端也接上了灵敏的光电装置。正当人们静静地在等待掩星时，光电器的指针提前1.5分钟就开始了动作，这说明此时恒星的光被什么挡住了。不过只过了5秒钟，仪器就恢复了正常。之后（532）掩星如期开始，这才是天文学家意料之中的事。同时，在离洛厄尔天文台500千米处有一位业余天文学家也发现了这一奇特的现象。

为什么会出现这种异常？这么小的小行星不可能会有"光环"，仪器出故障的可能也可排除。唯一合理的解释是（532）小行星身旁有一颗"伴侣星"。天文学家很快

就算出，这颗伴侣星的直径在46千米左右，而（532）本身的直径是243千米。两者间相隔977千米。它们形影不离，好像一对翩翩起舞的俊男靓女在跳"华尔兹"。

本来人们以为小行星是那么微不足道，它一旦走到大行星身边就有可能为大行星俘获而成为其"随从"，如火卫一、二、土卫九等之前可能就是小行星，但现在发现那些其貌不扬的小家伙居然也会像行星那样"生儿育女"，这实在出乎人们的意料，于是一时间成了轰动世界的新闻。

无独有偶，事隔半年之后的12月11日，忽然有人宣布说他们发现直径只有135千米的（18）号小行星"梅菠

蔓"可能也有一颗直径 37 千米的伴侣！也就是说，伴侣星的直径超过了本体主星的 1/4。它与主星的距离为 650 千米。

以往，人们总是形象地把行星比作太阳的儿女，把如月亮、木卫、土卫等看作行星的下一代，太阳的孙儿女。可现在小行星的伴侣却难以定位了，因为谁也不愿认可小行星与地球等一样是太阳的子女，它的伴侣虽然似乎也可称为小行星的卫星，但这种卫星能与月亮、伽利略卫星、泰坦平起平坐吗？于是天文学家姑且把它们记为"1978（532）I"和"1978（18）I"，其意义是：1978 年发现的（532）和（18）小行星附近的第一个天体。

"1978（532）I"和"1978（18）I"的问世不啻是一副刺激剂，使许多天文学家回去翻箱倒柜起来。他们把那些早年观测的掩星资料重新找出来，重新测量与处理，于是一时间"好消息"纷至沓来，"小行星卫星"竟一下达到了 32 个！更有众多的"候选卫星"准备出炉。这不能不让人疑窦重重。

小行星的引力不大，能系住伴侣的可能性也应当不太大，这么多"喜讯"涌来，怎不让人忧喜交加？再说，掩星观测本身也只是"一面之词"，毕竟不是直接依据，仅以此来定论也让人有些不太放心。

为这一问题一锤定音的是前面所说的"伽利略"探测器。1993 年 8 月，这颗以木星为终极目标的无人飞船从第 243 号小行星"艾达"身旁掠过，二者最近时只相距 2400

千米。它及时地对艾达进行了细致观测，测量出其大小为52 千米×24 千米，棱角突起的外形很不规则。更重要的是，飞船发现了它附近的确有一颗天体如卫星那样在绕它运转。同年 3 月 31 日，英国颇有声望的学术周刊《自然》发表了这一消息，并刊出了艾达与卫星的合影照片以及此卫星的放大像。文章指出，艾达本身长约 52 千米，它与月面一样，表面满是坑坑洼洼的大小环形山。卫星与艾达相距仅 90 千米。有趣的是，虽然那颗卫星的大小仅为 1.6 千米×1.4 千米×1.2 千米，但表面上仍有许多"缩小了的环形山"——坑洞，直径在 75 米以上的就有 10 多个，其中最大的直径竟达 300 米，在这么小的天体上非常显眼。

但如何称呼小行星卫星这种新的天体却让人着实犯难，有人干脆称它们为"双小行星"或"小行星双星"。

蔚为壮观的中国小行星

1994 年 5 月 25 日，在南京大学"行知楼"内，中国紫金山天文台行星室主任郑重宣布：第 3405 号小行星已被正式命名为"戴文赛星"。接着他郑重地宣读了国际天文学联合会的有关公告：

（3405）Daiwensai 戴文赛星。

紫金山天文台 1964 年 10 月 30 日发现。

此星为纪念戴文赛（1911 — 1979）而命名。

戴文赛是中国近代天文学的创建人之一，

1955 — 1979 年间担任南京大学天文系主任。他多年从事恒星光谱、恒星天文和太阳系起源的研究。

虽然美国天文学家华生曾把他所发现的（139）与（150）小行星分别命名为"九华"和"女娲"，但中国人自己真正发现

的"国产货"是张钰哲于 1928 年在美国攻读博士学位期间所发现的第 1125 号小行星，他立即为它起名为"中华"。从此，张钰哲与小行星结下了不解之缘。在他逝世前的 20 世纪 80 年代中期，紫金山天文台小行星研究室已发现了 900 多颗未见记录的小行星，其中 200 多颗已为国际公认，获得正式国际编号的达 130 余颗；按相同时期发现新小行星数的排名，可以位列世界第五。而当时他们所有的仪器只是一架在世界上根本排不上号的口径 40 厘米的"双筒望远镜"。

紫金山天文台发现的最初一批小行星大多以省、市、自治区的名字命名，如第 2045 号北京、第 2197 号上海、第 2077 号江苏、第 2510 号山东、第 2547 号湖北……后来

少数城市也上了天：（2693）延安、（2719）苏州、（2851）哈尔滨、（3543）香港、（8423）澳门……

中国小行星还有不少是科学家呢。古代大科学家有：第 1802 号张衡、第 1888 号祖冲之、第 1972 号一行、第 2012 号郭守敬及第 2027 号沈括。当代的天文学家与物理学家则有：第 3171 号王绶珀、第 3241 号叶叔华、第 3405 号戴文赛、第 3462 号周光召、第 3513 号曲钦岳、第 3704 号高士其……华裔物理学家、诺贝尔奖获得者杨振宁与李政道被分别命名了第 3421 号与第 3443 号，第 185538 号为方成，第 185640 号为孙义燧，第 4730 号是已故业余天文学家周兴明……

当然，一些企业家后来也跻身其中，如田家炳（第 2886 号）、邵逸夫（第 2899 号）、陈嘉庚（第 2963 号）、曾宪梓（第 3388 号）……

在发现小行星的行列中，北京天文台（现属国家天文台）一度大有后来居上的气势。在陈建生院士的领导下，从 1995 年开始，由朱进主持使用 60/90 厘米施密特望远镜与 2048×2048CCD 系统进行巡天观测，在短短四五年内他们就发现了 1000 多颗新小行星，其中已有 91 颗获得了正式的国际编号。于是"北京大学"（7072）、"中国科学院"（7800）、"北师大"（8050）也就在太空中大放异彩。

有了斐然的成就自然会得到世人的尊重，国际天文学联合会因此把 9 颗外国人所发现的小行星赠予了华夏儿女，最初的 3 颗是：（1881）"Shao"（邵）、（2051）"Zhang"（张）和

（2240）"Cai"（蔡）。邵是美籍华裔天文学家邵正元，张即张钰哲先生，而蔡则是中国台北天文台台长蔡章献。后 5 颗是：（3751）江涛（旅英天文学家）、（3797）余青松（紫金山天文

台创建者）、（4760）张家样（紫金山天文台小行星专家）、（6741）李元（著名天文科普作家）和（6742）卞德培（著名天文科普作家）。自 1999 年"神舟"飞船上天后，中国宇航员也大踏步地进入太空。于是西班牙天文学家艾斯特于 1991 年 6 月 6 日在欧洲南方天文台发现的国际永久编号为第 21064 号小行星被赠给了中国第一个"太空人"杨利伟，成为第 9 件"礼品"。

2000 年中国两位中学生因论文出色、又有创新精神也上了天：南京金陵中学高三学生华演得到了（11730）；北京 80 中学高二的孟奂则得到了（12106）。

"来而不往，非礼也。"我们也不会忘记朋友，紫金山天文台曾特意把他们于 1965 年发现的第 2790 号命名为"Needham"（李约瑟）。

如今，100 多颗中国小行星正不断地从星空中飞越，相信随着中华民族的振兴，这支"中国星"的队伍将会更

加浩荡。

险象环生的"擦边球"

2006年3月27日，紫金山天文台盱眙观测站正式启用了一架崭新的天文望远镜——1.2米近地天体探测望远镜，它配备了 4k×4k CCD 探测系统，具有视场大、光力强等优点，可探测到暗至21等的天体。在国内同等望远镜中堪称最大，在世界上也可名列前五位。有关专家预计，在未来的20年内它可发现500～1000颗穿越地球轨道且有可能给地球带来灾害的"近地小天体"（主要是近地小行星），其中可能有50～100颗直径在1000米以上的近地天体。该观测站在加强紫金山天文台乃至我国天文观测研究能力的同时，还能极好地填补尚未健全的国际空间近地小行星监测网的空白。

绝大多数小行星都循规蹈矩，永远运行在火木轨道间的"小行星带"之内，但是也有一些喜欢与地球套近乎的"淘气鬼"，会时不时地闯到我们面前，把人吓一大跳。尽管它们的"个头"不大，但它们在太空中都在以巨大的"宇宙速度"横冲直撞，所以一颗直径不到10米的小行星撞到地上的破坏力也绝不亚于5万吨TNT烈性炸药；而如果撞击的肇祸者直径在100米左右，那就相当于同时引爆了10颗百万吨级的大氢弹！落在海洋中就能掀起200米高的滔天巨浪，荡涤沿海上千座城市。

想必人们都知道一度在地球上称王称霸的恐龙，它们

突然于 6500 万年前灭绝，刽子手很可能就是一颗从天而降的小行星！有人猜测，一颗直径 8～10 千米的近地小行星轰然冲下击中地球，撞击释放的能量相当于引爆 100 万亿吨 TNT 炸药，因而使很多物种在那场浩劫中遭到了灭顶之灾。1994 年 7 月发生的"彗木大相撞"更让不少人的心头蒙上了阴影。

1989 年 12 月 13 日，我国新华社播发了一则可怕的消息：据美国有关专家透露，有一颗直径近千米的小行星正向地球冲来，现在离我们只有 80 万千米，有可能在近期撞击地球。撞击能量相当于 770 万颗广岛原子弹，地球上将有一半人罹难。现在科学家正在设法避免这场灾难……尽管我国天文学家第二天就指出这条消息的编译有误并说明了事情的原委——这颗编号为"1989FC"的小行星直径为 800 米，以现有的轨道来看，它在近期内绝无肇事的可能——可还是引发了国人极大的恐慌，以致当时全国各天文台的电话铃响个不停，询问详情的信件更是如雪片铺天盖地而来……后来此素材还被人写成了故事"飞来的星星"，编入了热播的连续剧《编辑部的故事》。2007 年 11 月 12 日，国际天文学会小行星中心的天文学家也闹了笑话，把一个人类发射的"罗塞塔"探测器误认为可能撞向地球的小行星并发出了警报。由此可见人们是何等的担心。

从理论上来说，人们的担忧并非杞人忧天，因为这种"太空杀手"有几百颗之多，它们在地球周围游弋不止，说不定哪一天真会闯下泼天大祸。1997年1月20日，我国北京天文台就发现了一颗极近地小行星"1997BR"。这颗直径一二千米的"恐怖分子"的运行轨道几乎与地球轨道相切，有一夜它曾走到了离地球7.5万千米处，相当于月地距离的1/5。在天文学家眼里，真是一个极其危险的"擦边球"。迄今为止，人们一共发现了3颗这种"危险分子"。

最小距离小于7.5万千米的极近地小行星

小行星名	编　　号	发现年月
奥佳托	2201	1947.12
米达斯	1981	1973.3.6
1997BR	尚未确认	1997.1.20

如何应对这柄悬于人类头上的"达摩克利斯之剑"？1993年4月，世界各国天文学家相聚在意大利的埃里斯，60多位专家经过认真的讨论与切磋取得了共识，决定制订一个全面的计划，在20年时间内查清这些"危险分子"的来龙去脉，对其进行严密的监测，一旦发现哪颗有"蠢蠢欲动"的苗头，就可采取应对措施——发射一枚飞船到其身旁引爆一个小小的原子弹，让它偏离原先的路径就可化

险为夷……会后他们还发表了《埃里斯宣言》。宣言的结论是："减缓近地小行星碰撞威胁的方案，目前还不需要予以考虑。"

"法厄同"的故事

现在人们知道，最大的几颗小行星就是最早发现的那几颗（4 颗）。直径在 200 千米以上的小行星不过 30 颗，在 100～200 千米间的约 200 颗。如果把仅有几米、几十米的也算进去，则有几十万之多。尽管小行星的数目十分庞大，但其总质量估计仅 10^{21} 千克，相当于地球质量的万分之三四，而最大 4 颗小行星的质量可能已占了所有小行星总质量的 80%。

为什么在火星和木星之间没有一颗像模像样的行星？几乎从小行星发现之日起人们就在思考这个问题。发现婚神星后，智神星的发现者奥伯斯提出，上帝是公正的，太阳没有什么偏爱，那儿原来的确存在着一颗与地球或火星类似的行星，只是后来不知什么原因它爆炸了。他还认为，当时发现的 3 颗小行星，正是爆炸后的 3 块较大的碎片。于是他预言，那儿一定还会有其他更多的小行星。有趣的是，他正是根据这个理论于 1807 年找到了（4）灶神星。灶神星是所有小行星中最明亮的一颗，它冲日时的视亮度恰在目力所及范围之内——6 等，因此目力敏锐的人是有机会用肉眼见到它的。

天文界把奥伯斯的理论称为"爆炸说"，这是第一个关于小行星起源的假设。"爆炸说"一提出就引起了激烈的争论，许多反对者认为自然界绝不会有这样大的"神力"可以把一颗行星炸裂；何况，若是爆炸，那碎片的形状应是极不规则的，可现在发现的直径 100 千米以上的小行星大多是圆球那样规则的形状。但支持奥伯斯理论的也大有人在，有人把"爆炸"说成是宇宙间的"交通事故"，认为这颗行星是被什么东西撞碎的……

20 世纪以苏联萨伐利斯基为首的一些天文学家大力支持"爆炸说"，他们还把这颗原始行星称为"法厄同"。法厄同是希腊神话中一个悲剧人物的名字。他是太阳神赫里阿斯与海洋女神相爱后生下的。法厄同长得十分英俊潇洒，但他又十分任性、固执，从来不听任何劝告和警告。为了满足一时的好奇，他竟驾驭太阳神的"宝车"在天上巡视，结果无法控制四匹桀骜不驯的神马，太阳车偏离了预定的轨道，造成了天庭的混乱和人间的灾难。宙斯勃然大怒，终于发出一个巨雷，把法厄同打得粉身碎骨。萨伐利斯基这样命名的意思是一目了然的，他认为这颗原始行星也是被什么东西毁灭了。他还作了模拟计算，认为当初法厄同的半径在 3000 千米左右，质量是地球质量的 1/15，与火星相仿。它的结构大致可分为 5 层，从里到外分别为：镍铁组成的内核，铁硅层，玻璃质橄榄石岩层，结晶状橄榄石岩层与最外面的玄武岩壳层。他认为法厄同被击碎后变成了众多的小行星及各类流星、陨星，而这 5 层物质正好可与各种不同的陨星及小行星一一对应……现在人们发现，那些很小（直径 1 千米以下）的小行星确实常有奇形怪状的外形。

1983 年 10 月 11 日，天文学家发现了一个飞快的天体 1983TB，它很快地越过了天龙星座。当时测定它的星等为 16 等。现在人们已把这颗特殊的小行星正式编号为（3200），命名为法厄同。

法厄同的近日距只有 2080 万千米，也是 400 多个危险分子之一，有可能在 250 年后再次与地球轨道相交，对我们造成威胁。

太空中打过"核大战"吗

法厄同的神话虽然充满浪漫主义和悲情色彩，一度也获得了不少人支持，但真要找出"爆炸说"的科学论据却不那么容易。"爆炸说"是否能在科学上立足，关键不在于"后果"如何，而在于能否找到合情合理的"前因"。究竟是什么原因使法厄同粉身碎骨了呢？宙斯的霹雳只能作为茶余饭后聊天的谈资，绝不能当作严肃的科学论据。

一些科学家把目光转到了陨星身上。陨星是"天外来客"，对其中的同位素进行分析可以获得许多史前的信息，所以人们称陨星是太阳系的"化石"，能成为解开几十亿年前沧桑谜团的钥匙。从陨落物同位素氦4和氩40的测定中，人们发现它们形成的时间在5000万到5亿年之间。后来，美国费米核物理研究所的几位科学家进一步把形成时间确定为4亿年之前。就是说，陨星形成于4亿年以前。这当然不是法厄同的实际年龄，因为一般行星都已有46亿岁的高龄。这表示，法厄同在4亿年前发生了一次毁灭性的大爆炸⋯⋯

至于这场浩劫的原因，自然也有不少假设，其中最有趣的莫过于苏联赛格尔博士的主张了。赛格尔是一位极富想象力的天文学家，他认为造成法厄同灭顶之灾的原因不是"天灾"，而是"人祸"。

这位博士认为，在地球上还只有爬行动物的4亿多年前，法厄同行星上已经产生了高度的文明，"法厄同人"已进化到比我们今天还发达的程度。他们已掌握了核子技术，制造了大批威力可怕的核武器。后来，一次偶尔引起的"国际纠纷"由于处理不当而升级为全球性的大战。残酷的战争使"法厄同人"打红了眼，终于歇斯底里地动用了核武库。大批核武器猛烈爆炸，引起了无法控制的连锁反应，最后使得法厄同海洋中的氢也燃烧起来。于是在反复不断的大规模核爆炸中，法厄同终于碎裂成无数大小碎片，飞向四面八方……

赛格尔认为，陨星中的不同成分可以用来证明这种观点——那些含微小碳球粒的陨石中的水分及氨基酸等正是法厄同生命的遗迹，而爆炸时的高温和巨大压力则是某些陨石中存在金刚石的原因。

一时间赛格尔得到了不少支持，一些人建议发射一些专门的宇宙飞船到月球、火星上去搜索法厄同的碎片。1961年，苏联还有人专门会见访苏的丹麦著名核物理学家玻尔，问他："如果在海洋深处爆炸一颗氢弹，会不会引起连锁反应失去控制而使整个海洋大爆炸？"一个法国科学家在非洲加蓬共和国的沃洛克矿山中发现了大量的4种稀有元素：钕、钐、铕、锑。他认为，那是铀235裂变反应后才有的产物。他据此发表了支持赛格尔观点的论文。他认为，幸亏地球上的铀不多，这场自发的失控反应仅局限在了非洲的某些地区，否则地球可能也会重蹈法厄同的覆辙。

果真如此吗？细心的读者不难发现赛格尔博士的众多破绽。他的整个故事不正是当年

美、苏两个超级大国互相虎视眈眈的某种写照吗？那些描写核战争毁灭世界的幻想小说我们难道见得还少吗？

法厄同离太阳 2.8 天文单位，同样的面积上收到的太阳能量只是地球的 12%，因此即使在阳光下，它的表面温度也只有零下七八十度左右，夜晚则更低得多。这样严酷的自然条件下，生命能否存在尚属疑问，要发展出高级文明又谈何容易？

我们认为存在地外生命的假设是有科学根据的，我们地球绝不是唯一的生命绿洲。只要具有一定条件，生命可以在宇宙的任何角落中产生、发展而进入高级文明阶段。美国天文学家萨根曾作过推算，仅仅在我们银河系内已具备文明的星球就可能在 100 万个左右。别以为 100 万是个巨大的数字，它只是占银河系星球的百万分之六。

情人节近探"爱神"

2 月 14 日是西方的"情人节"。巧合的是，美国发射的小行星探测器"尼尔"无人飞船在 2000 年的情人节那天进入了绕第 433 号小行星"爱神星"爱洛斯的轨道，开始了长达 1 年的"蜜月"探测生涯；在 2001 年的情人节前夕，它又成功地降落在爱洛斯的表面上，实现了人造探测器在小行星表面上的第一次"软着陆"。

爱神"爱洛斯"罗马名为"丘比特"，拉丁名为"阿摩尔"，是一个又可爱又淘气的小家伙。他的肩上长有双翅、手执金弓银箭，高兴起来就把金箭射出，中箭的男女青年则会立即坠入爱河。第 433 号小行星也是赫赫有名的"人物"，因为它是天文学家维特 1898 年发现的第一颗"近地小行星"（此前所知的小行星都位于火星与木星的轨道之间），它离太阳最近时只有 1.13 天文单位。

可是由于爱神星离地球至少仍然有 2000 万千米之遥，过去人类对它的具体状况所知并不多。在漫长的几十亿年岁月中，地球、月球和那些大行星早已变得面目全非，唯有小行星很可能保持着太阳系早期的物质形态，保持着 46 亿年前的"原汁原味"，因此其意义当然非同寻常。在进入太空时代的今天，人们更加渴望去那儿探个究竟。

"尼尔"是美国航空航天局于 1996 年 2 月 17 日发射的一艘小巧玲珑的"迷你"无人飞船。它的造价为 1.2 亿美元，"体重"不到 800 千克（其中有 318 千克是燃料），却带有磁力计、激光测量仪、光谱仪、无线电追踪系统、多光谱摄像仪等十几种先进的科学设备。1997 年 6 月 27 日，它曾与（253）马尔蒂达小行星相遇，二者最近时的距离为 1200 千米。"尼尔"小试牛刀，在 25 分钟内拍到了这颗表面极其黝黑的"隐形小行星"500 多张非常清晰的照片，为研究提供了可靠的实测资料。

按照原先的计划，"尼尔"应于 1999 年 1 月 10 日进入绕爱神星的轨道，可是"天有不测风云"，飞船出现了一个小小的故障，待修复完毕已经错失了入轨的良机，于是只能再飞上 1 年，直到 2000 年情人节才到达目标。美国航空航天局的专家们临时决定：要毫无保护设施的"尼尔"开动制动火箭，与爱神星来个"零距离接触"——向爱神星降落。当时专家们估计其成功率只有 1%，没想到经过一番努力居然于 2001 年获得了空前的成功。从它所发

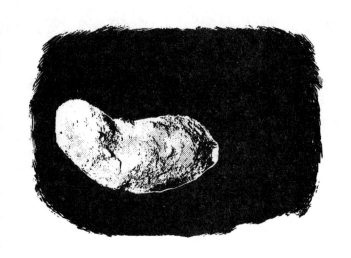

回的大量近距照片来看，"爱神"的外形如一颗大花生，也有些像一只拖鞋，大小为 33 千米×14.5 千米×14 千米，表面上布满了大大小小的陨石坑，最大的一个坑直径达 5.5 千米！从照片上还可看出它的表面上有许多因小天体碰撞而生成的碎片，长的有 100 米，有一处还裸露出了内部，这表明那儿不久前刚被撞过。从表面有隆起和沟壑的外形可知，"爱神"的结构均匀，化学组成与球粒陨石比较相似。"爱神"的质量很小，仅是月球的四百万分之一，表面引力只是地球的千分之一，800 千克的飞船在爱神那儿还不到 1 千克重。如果人在上面活动可得特别小心，轻轻一跳可能就会让你腾空而起，变成绕它转动的"人体卫星"。2002 年 2 月 28 日，因电池耗尽，它与地面的联络中断，好在此前它已发回了 16 万幅图片，科学家们正是据此推断了"爱神"的演化史。

　　长期以来，谷神星一直因其貌不扬而坐着"冷板凳"。

但是科学家最近发现这颗小行星在许多方面很像地球。"哈勃"太空望远镜为谷神星拍摄的 267 幅图像表明谷神星几乎为球状。但其物质并非均匀地分布在其内部。电脑模型表明，谷神星的内部分为不同层次：稠密物质在核心，比较轻的物质靠近表层。它可能包括一个富含冰水的表层，里面是一个多岩石的核心。美国的一份报告说，如果谷神星表层 25％ 由水构成，那么其淡水含量就比地球还多。

2006 年，它又获得了与冥王星平起平坐的"矮行星"的桂冠，这使人们对它兴趣倍增。美国航空航天局于 2007 年 6 月发射了 1 枚专门探测谷神星和灶神星的"黎明号"探测器，它于 2011 年 7 月 16 日抵达灶神星，2012 年 9 月 7 日离开灶神星轨道向谷神星飞去，预计它将在 2015 年抵达谷神星。这是两颗自形成以来一直完好无损的最大的太阳系"原行星"，通过对它们的探测，科学家们将从这个未知世界里获得各种资料，包括山脉、峡谷、陨石坑、熔岩流、极地冰帽及古代河床和溪谷，这可以让他们了解太阳

系早期环境及太阳系的整个形成过程，从而寻找更有效的方法来揭开太阳系内的更多秘密。

┠ 最富诗情画意的星——月球

晶莹的明月娟雅可爱，它是天空中一盏永不熄灭的神灯。它那变化多端的身姿、妩媚温柔的娇容，吸引了多少文人墨客，见证了多少情侣的山盟海誓……

明月是画、是诗，古往今来，它一直是文学艺术钟爱的题材。从我国《诗经》中的"月出皎兮，佼人僚兮"的千古绝唱到贝多芬《月光奏鸣曲》的优美旋律，从唐诗宋词不胜枚举的咏月佳作到现代文学大师柔情万种的月色描绘，数之不尽。

人们对月亮是那么眷恋。1851年3月，美国哈佛天文台在邦德领导下利用刚发明不久的照相技术拍了许多月球照片。同年，这些照片被送到了在英国举办的"世界博览会"上，赢得了一致的喝彩，并获得了摄影最高奖。36年之后，1887年法国巴黎的"世界博览会"上，有人在广场上架起了一架小小的望远镜，每当明月东升就招徕观众观看望远镜中的月球，每人收费1法郎。人们在望远镜前排起了长队，都想一睹月神的风采，有人甚至连看几次，乐得手舞足蹈、流连忘返。不消说，这架望远镜的主人发了一笔小财。

芳名何其多

月球是地球的卫星。在太阳系中，它只是"孙辈"。可是，别看它"辈分"低，人类对它却特别看重。从它众多的芳名中就不难看出它在人们心目中的地位。

月球的雅号简直举不胜举，宇宙中恐怕找不出第二个可与它相比的天体。在国外，古叙利亚称它为"阿斯泰罗"女神；罗马神话中，它的芳名是"狄安娜"；希腊人又把它称作"阿耳忒弥斯"……

在我国，月亮的雅号很难收全。唐代大诗人李白有诗曰："小时不识月，呼作白玉盘，又疑瑶台镜，飞在青云端。"王维有"桂魄初生秋露微"的佳句。元代戏曲家关汉卿写出了"仙子初离月浦"的名曲……仅与"月"字有关的名字就有：明月、月轮、月桂、月子、月浦、月魄、水月、桂月等。

大约中秋赏月时有桂花相伴，月名中以桂字相称的有桂宫、桂轮、桂殿、玉桂等；与神话中的蟾蜍相关的月名有蟾宫、玉蟾、冰蟾、瑶蟾等；从嫦娥奔月衍生出来的有素娥、广寒；从月相变化中化出的名字有玉钩、银钩、玉盘、银盘、冰轮、水镜……

此外还有望舒、纤阿、玉羊、玉壶、太阴……

这形形色色、名目繁多的芳名说明了人们对月球的美好向往：月球是一个美好的世界，上面必定是玉楼琼阁、遍地珍宝……

几百年来，月球也是科学幻想小说常用的题材之一。儒勒·凡尔纳的《月球旅行》曾畅销世界。威尔斯的《第一批登月者》自 1901 年问世至今还令人手不释卷。威尔斯笔下的月球世界虽然空气稀薄，但足够人类生存。小说中的主人公见到了正在吃草的"月牛"，还被披着铠甲、长着异常大脑袋的人囚禁起来，而套在他们四肢上的脚镣手铐竟是纯金做成的！

1923 年，因写《人猿泰山》成名的美国作家巴勒斯写了一本《月亮女郎》，讲有艘原计划飞往火星的飞船因故障不得不在月球上降落。月球上布满一种半人半马的怪物，它们十分凶残贪婪，甚至同类也互相吞食。但在月球内部却有天仙般的月亮女郎，她们就像《圣经》中的安琪儿，两臂上有可以飞行的双翅，背上有可以升空的气球，十分美丽而善良……

忽悠了世界的"月亮骗局"

月球是那样富有魅力，使无数科学家为之倾倒。1609年，意大利科学家伽利略刚刚制成第一架天文望远镜时，首先瞄准的天体就是皓皓明月。现在月面上这些环形山、

"海"的名字就是他首先提出的。在作出一系列新发现的同时，伽利略也曾固执地相信月球上一定也是个生机勃勃的世界。为此，他不顾疲劳，通宵达旦地举着自己的望远镜，期望能从中见到月球人的活动。

1638年，一位名叫约翰·威尔斯的牧师发表了一篇论文《月球新世界之发现》。文章指出，月球表面构造（有山、"海"等）既然与地球有些类同，存在生命也是不足为奇的，只要有威力足够巨大的望远镜，就一定可以观测到月球人的活动。后来，一位名叫大卫·法布里修斯的人还吹嘘他已从望远镜内亲眼见到了月上的居民。

从感情上而言，很多人极希望有"月球人"与我们做伴，甚至连一些极有声望和成就的科学家也持这种想法。例如，古希腊大数学家毕达哥拉斯就认为月球上的动物要比地球多得多，上面的树木也大得多，"月球人"也比我们更聪明。又如我们多次讲到的英国天文学家威廉·赫歇尔，他就坚定不移地认为月球上肯定有居民存在！

在西方，神学势力十分强大，承认"月球人"存在，从一定程度上讲是有进步意义的，因为它驳斥了上帝创世说的谬论，体现了生命普遍存在的科学真谛。然而，真理与谬误有时往往仅是一纸之隔，弄得不好就会滑向反面。一场忽悠了全世界的大骗局正因威廉·赫歇尔的儿子所起，这是科学史上发人深省的一个带有"科学性"的"月亮骗局"。

1835年8月25日，美国刚创办不久的《纽约太阳报》显著位置上刊登了英国年轻作家洛克撰写的《美国的纽约》。这是一组惊人的连续科学报道。文章说，英国著名天文学家威廉·赫歇尔的传人约翰·赫歇尔为发展父亲开创的巡天工作，于1834年携带仪器到了南非开普敦及好望角，准备做为期几年的天文观测。洛克对约翰作了详细的介绍，认为他不愧是英国皇家天文学会的创始人之一，42岁的他已发现了3347对双星，525个星云星团，在这些方面的成就与其父亲相比已有过之而无不及。他这次远征带着当时世界最优良的仪器，放大倍率极高的望远镜将使他可以看清月面上18英寸（45厘米）大小的物体。因此，想必他一定会给人类带来重大的发现……

这是洛克忽悠人们的伏笔，是为他第二天的报道铺路的。果然，8月26日该报以"独家新闻"形式发表了洛克的第二篇文章，说约翰·赫歇尔已在望远镜内见到了异常鲜艳、类似罂粟那样的花丛，还有类似紫松、枞树那样高大挺拔的大树……

接着又"发现"了许多月亮上的动物：碧波荡漾的湖泊中嬉戏着与犀牛相似的巨兽，树林中跳跃着唱歌的小鸟，白色的麋鹿和长着大象牙似的绵羊正在草原上漫步，海里则有一种长有双

腿、会造房子会做饭的海獭……

连续几天，洛克有计划地抛出了种种激动人心的新发现，最后他写到了"月亮人"——一种长着翅膀的人形生物。"他们用蓝宝石砌成了一座大庙宇。他们的姿势，尤其是手和臂的动作，看上去既充满着热情，又特别强劲有力。因此，我们可以推论，他们不仅是有理想的生物，还有相当先进的技术，过着富庶的生活。"

这一组奇文不仅迅速传遍美国，也使整个西方世界轰动起来，洛克顿时名扬四海，《纽约太阳报》的销售量也扶摇直上，一度成为世界上销路最好的报纸之一。谁不想了解约翰·赫歇尔这许多惊人发现的更多的细节呢？报社前车水马龙，热情读者的好奇的询问、大胆的建议让报社的编辑们应接不暇。

当然，谎言绝不可能持久，"月亮骗局"不久即被揭穿。从来没有一个天文学家相信洛克的报道，因为不难算出，如果要如洛克所说能看清月面上 18 英寸的物体，使用的望远镜的口径至少要大到 500 米以上，而在当时世界最大的望远镜口径不过 1.22 米。何况，约翰·赫歇尔所带的三架望远镜都不大。再说，即使能造出口径 500 米的大望远镜，大气的干扰也将使目标变得很不清晰。事实上，直到今天，望远镜的口径也很少有超过 10 米的，仅及洛克要求的望远镜口径的 1/50。

洛克骗局忽悠人的技巧并不高明，但令人吃惊的是这场闹剧在西方的影响却大得出奇，一时间使不少人激动得不能自已，以致后来在英语中出现了一个关于这场骗局的专用名词"The Moon Hoax"（月亮骗局）。这种教训是很深刻的。不是吗，直到今天，喜欢追求刺激、热衷于猎奇的人还是大有人在。他们不愿花精力去学习科学知识，也不希望听到严肃的科学结论，让"火星人""月亮人""宇宙人"之类的神话不胫而走，这难道不是很可悲的吗？

"月球大使馆"的闹剧

2005年9月5日，在北京某个大厦的10层楼上突然冒出了一个"月球大使馆公司"。11日它在朝阳区工商部门注册登记，申请执照，公司负责人李某声称，该公司的业务是专卖地球之外的星球上的土地，其中月球土地的价格是每英亩（相当于6亩）298元。

据说李某所卖土地是从"卖月亮"的鼻祖、美国的丹尼斯·霍普那儿以每英亩2美元的价格批发来的，一共购进了月球土地7110.32英亩，金星及火星土地各2000英亩，付款22220.64美元，另付许可费4166.68美元，共计26397.32美元（折合人民币214030元）。

最初确也有人对此"新意"觉得好奇——或者是对炒卖房地产有特殊的兴趣；或者是超低的价格特别诱人，在短短3天之内居然有34位顾客光临，售出的"月土"达49英亩，营业额达到14000余元。可李某说"销售成绩并不好，因为在得知工商局介入调查后，人们都持观望态度，并没有认购月球土地"。原来，北京的工商部门在当月22

日就查处了这一荒唐的买卖，扣留、封存了公司的财物，后来还对公司做出了处罚：①责令退回财物；②罚款5万元；③吊销营业执照。于是"月球大使馆"就陷入了资金周转危机，员工工资及其他各项开支让李某他焦头烂额："我的现代酷派跑车已经在当铺当了10万，若七日不还钱，车就没了。现在我急于将自己的一套住房出售，如果这两天找不到买主，我会举着卖房的招牌上街叫卖的。"

再说美国的这个霍普。他原先只是一个口技演员，但因水平不高，所以很快就被炒了鱿鱼。在流浪了一年多后，妻子也与他"拜拜"了。在穷极无聊的时候，有一天他想："月球上不是有很多土地吗？虽然以前老师曾说过，在1967年时各国就签订过一个《外层空间条约》，规定任何缔约国都不得通过占领或其他手段将太空星体占为己有，但那是说国家，没有讲个人。"1997年，他一本正经地分别给联合国秘书长、美国与俄罗斯总统写了信，说除了地球之外，太阳系中其他的8颗行星与所有的卫星都属他所有。不久他就在内华达州开出了一个"月球大使馆"，并当仁不让自封为"大使馆"的"总裁"与董事长。其所售月土价格并不贵：每英亩21.5美元，而且还给卖主发放专门的"月球护照"。

人所共知，早在1979年12月，联合国大会已通过了《关于各国在月球和其他天体上活动的协定》，该协定说得非常明确：月球和其他天体及其自然资源是全人类的共同财产，为世界各国共同所有。如杨振宁本人并没有"杨振宁星"的"主权"，同样，加加林的后裔也绝对不能把月球上的"加加林环形山"当作他们家的私有财产。

2006 年 4 月，李某又宣称我国领土上空大气层中的一切气体、水分（俗称"云彩"、"云朵"）归他所有。他向记者讲述了他所谓的"蓝天白云特别行动计划"。他说："此前俄罗斯有位律师已发表过此类声明，声称地球大气层中的云朵归自己所有。"他认为他与这位俄罗斯人并不冲突，"如果发生矛盾，我可以将月球背面的一座火山相赠，以作交换"。

事情还没完，当年足球世界杯开赛之际，李某就想出了卖"世界杯空气"的新主意："我现在与德国一家公司合作，在世界杯的一个月里卖'世界杯空气'，50 元一袋，都是德国各大球场割草后的新鲜空气。"他说，商品是一个装满球场空气的绿色塑料袋，宽约 3 厘米，长约 9 厘米，可以像香包一样挂在胸前，打开密封口就可以吸入。对此，北京师范大学天文系教授张燕萍认为，卖空气是件很无聊的事情，因为空气是人类共有的，买卖空气没有任何意义。

后来朝阳区法院在公开审理此案时，李某竟当庭拿出小学一年级课本中的《小狐狸卖空气》一文，以证明卖世界杯空气是合法的。李某的这一解释令旁听席上的人笑个不停。

"君子爱财，取之有道"。凡是想不劳而获的，不管是卖月球、卖云彩还是卖空气，最后总是"机关算尽太聪明，反误了卿卿性命"，落得个鸡飞蛋打、贻笑大方的下场。

月球的体态特征

科学家早已证明，美丽的月球不过是一片千古不毛之地。月球的大小已经被精确测定，直径为 3476 千米，仅是地球的 3/11。体积则是地球的 2%。它的表面积还比不上我们的亚洲。如果投影下来，只与我国面积差不多。所以我们如果登上月球就会明显感到"世界"很小，地平线

（似乎应叫"月平线"）就在眼前。一个中等身高（1.7 米）的人在地球上可望见 4.6 千米的范围，但月球上地平线只有 2.4 千米远，所以登月的宇航员会发现"月球世界明显地小多了"。

地球与月球更重要的不同是地球上绿水青山，鱼翔鸟飞，生机勃勃，但月球上却满目荒凉：大小环形山星罗棋布，鳞次栉比，没有江海河川，没有白云蓝天，没有风雨雷电，只有砾石和尘土。

月球上没有空气没有水，所以白天时尽管太阳比地球上更加明亮夺目，但就在那耀眼的太阳旁边，繁星仍在争辉，整个天空仍像黑丝绒那样深沉乌黑。

既然没有传声的媒介——空气，当然也不会有什么声音了。所以月球是一个寂静的世界。即使万炮齐鸣，地陷山崩，"月球人"也什么都听不到，只能观看一场场面壮观的"无声电影"。

月球上没有空气，挡不住流星的撞击，所有的流星都会变成落地的陨星。正是它们巨大的动能使月面变成了一个"大麻脸"。而且，由于没有风雨的侵蚀，几十亿年下来，陨星频频撞击所造成的痕迹依旧，它始终保持着原始的"风韵"，这就是它至今仍瘢痕累累的原因所在。这种与陨石坑类似的环形山，在月面上多得难以统计。直径 1 千米以上的环形山数目约为 33000 个，占月面表面积 7%～10%。最大的贝利环形山在月球南极附近，直径为 295 千米，把我国的海南岛投进去还绰绰有余。而那些极小的环形山，只不过是一个个小小的坑洞而已。

月面上没有空气，所以也不会有任何液态水存在。因为在真空条件下液体都会很快变成气体挥发殆尽。由此可知，月球表面上那些暗黑地区被称为"海"，也只是古人美好的愿望而已。现在人们知道月面上共有 22 个"海"，除了 3 个在月球背面无法见到，4 个跨越正、背两半球外，其余 15 个都在月球正面，最大的"风暴洋"面积达 500 多万平方千米，相当于法国国土面积的 9 倍多。月海大多呈圆形或椭圆形。在正面，月海的面积约占月面的 50％多。

月球上的温度变化极快；白天在阳光直射下地面最高温度可达 127℃，比水的沸点还高，但在深夜最冷时温度会降到 -183℃，昼夜温差达 310℃！在月面上，因为没有空气散射、折射光，所以一切黑白分明，太阳所到之处亮得刺眼，烫得灼人，但在它的阴影中却又黑得伸手不见五指，冷得令人发抖。

月球上没有空气和水，必然不会有生命。一切幻想小说中的"月球人"都是作家的艺术创造。所有登月的宇航员都需要"全副武装"才能在那儿漫步。

美国国防部官员曾在 1996 年年底宣布，从他们 1994 年发射的"克莱门汀"飞船所获资料来看，在月球南极附近的一个环形山内有一个"冰湖"，其直径为 360 米，深 10 多米，含水 50 万～100 万吨！消息一出，真是石破天惊！然而天文学家却不以为然。为此美国航空航天局特意于 1998 年 1 月 6 日发射了"月球探测者"无人飞船，去探个究竟，所得的结果则是否定的。

我们且不管月球上到底有没有水，即使真有冰湖，怕也与常人所熟悉的普通冰或水大相径庭。因为在近-200℃的极低温下，许多东西都会发生戏剧性的变化，鸡蛋会像皮球那样富有弹性，而真正的皮球却一碰就成一堆碎片，面包等食品会如萤火虫那样发出绿光，而这些冰也将变得比钢铁还硬，叫人难以利用……

月球的质量为 $7.35×10^{22}$ 千克（7350亿亿吨），相当于地球质量的 1/81.3，所以若把地球、月球看作一个系统，则它们的质量中心在地球内部的地幔内（离地心4671千米）。从体积和质量可知，月球的平均密度与火星相仿，为 3.34 克/厘米^3。月面上的重力加速度只有 1.62 米/秒^2，相当于地球表面上的1/6。换句话说，一个体重60千克的青年人如果在月球上便只重10千克了。他会身轻如燕，轻而易举地刷新地球上许多体育世界纪录。

重力变小后，世界将变得分外神奇，连训练有素的宇航员在月面上漫步时也叫人忍俊不禁——他们显然也不太适应。有时一抬腿人就会悠悠升起，再慢慢落下。连跌跤也是慢悠悠地向前倾，姿势好不"优美"。在月面上的千古尘土飞飞扬扬，也要过很长时间才飘落。这一切都像电影中的慢镜头。所以回来的宇航员说：在月面上要像袋鼠那样走路才最省力。

"请月亮出庭"

在南北战争中，美国总统林肯领导北方联军击败了代表奴隶主力量的南军，在美国正式废除了可耻的农奴制度，大大解放了生产力，开辟了美国历史的新篇章。

但你是否知道，林肯除了杰出的政治及军事才能外还有丰富的科学知识？他在当律师时曾出色地利用月球这个"证人"揭发了一桩诬陷无辜的阴谋。事情是这样的：当时有个正直的青年人被人诬告为谋夺财物而杀了人。诬告者以重金收买了一个"证人"，叫他一口咬定说是 10 月 18 日那天晚上 11 点钟，他在一个草堆的后面亲眼见到被告阿姆斯特朗在离草堆西边约二三十米处的一棵大树旁边作案。他之所以能认出作案人，是因为月光把被告的脸照得清清楚楚……"证人"为此宣誓赌咒，慷慨陈词，把被告弄得有口难辩。就在关键时刻，林肯作为被告的律师却起立宣布：这个"证人"是骗子，他的一切证词都是伪证。

林肯指出：10 月 18 日那天月亮正处于上弦，晚上 11 点，它已落入地平线之下，哪能见到？退一万步说，如果"证人"记的时间不确切，案发是在七八点钟，也无法成立。因为上弦月总是在西方天空，月光要照清被告的脸，则被告应脸朝西方，在被告之东的证人根本不可能看清作

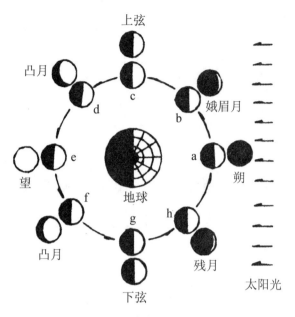

上弦

凸月

娥眉月

望

朔

地球

凸月

残月

下弦

太阳光

月球的各种位相

案人的面庞；只有作案者的脸朝东才会与证人面对面，但此时月光便不会照到被告的脸上。因此"证词"根本无法成立。

为什么林肯的发言能一言九鼎，力挽狂澜呢？

我们知道，自古以来"月有阴晴圆缺"，它每天都在改变着自己的相貌，而这种位相变化是有规律可循的。月亮的变化周期称为"朔望月"，长约 29.53 日。月球和行星一样，它本身不会发光，只有反射了阳光后才能为人所见。月球在绕地球运转，所以在"新月"的位置时，它以黑暗面对着地球，而且与太阳同升落，出现在白天的天空中。到"上弦"时，月亮位于太阳东边 90°处，每当太阳西沉，它就出现在南方天空。当太阳下中天（子夜）时，上弦月就从西方地平线落下，所以上弦时只有上半夜的西边天空中有月亮。林肯正是抓住了这个关键，才在辩护中得到了胜利。

有趣的是，月球的自转周期与公转周期相同，即它公转一圈的同时自己也自转了一周，这种现象称为"同步自转"。就像骡子拉磨时，它始终以同一侧对准磨盘一样，月球也总是以同一半球面对准地球。换句话说，在地球上的人，始终只能看见月球的同一半面。在卫星世界中，多数卫星都是作这样的同步自转的。

月球的"神通"

总的说来，美丽的月球是千古不毛之地，多少年来死气沉沉，表面几乎从来没有什么变化。一位英国天文学家曾诙谐地打趣："如果我们带着望远镜回到恐龙时代，便会发现那时的月球与今天所见的完全一样。"

但实际上月球并非彻底死寂，它还是有许多神秘的局部活动现象（称月面暂现现象）——月面上会出现某种奇异的辉光，散发出一些神秘的云雾，局部地区会暂时变暗、变色，甚至有些环形山会突然消失或莫名其妙地变大（编辑注：2015年天文学名词审定委员会改为"月球暂现现象"。）……

这种月面暂现现象的最早发现可以追溯到900多年前。1178年6月25日是个蛾眉月之夜，英国同时有5个人在不同的地方发现在弯弯的月钩尖角上有一种奇异的闪光。但当时这些目击者的报告并未引起人们的重视。1783年，天王星发现者威廉·赫歇尔在用口径22厘米的望远镜观测月球时发现了"月球的阴暗部分有一处地方在发光。其大小和一颗4等红色暗星相仿"。1787年他又观测到了这种现象，并形容它为："好像是燃烧着的木炭，还薄薄地蒙上了一层热灰。"经赫歇尔两次报告后，送到天文台的这种观测报告日渐增多，至今已有1400多起。

1866年10月16日，曾绘出月面3万多个环形山的德国天文学家约翰·施密特宣称，原来在澄海中的一个他十分熟悉的林奈环形山（直径 9.6 千米）忽然不翼而飞。1868 年，有人发现一个原来直径只有 500 米大的小环形山直径已增大到了 3 千米。

在 20 世纪，这种观测报告有增无减。英国天文学家穆尔在 1949 年也连续见到两次月面上发出的辉光。1958 年 11 月 3 日和 4 日，苏联普尔科沃天文台的科兹洛夫在用口径 76 厘米的大望远镜观测时见到了阿尔芬斯环形山的中央峰上有粉红色的喷发，持续了大约半小时之久。他拍到了这次喷发的光谱照片，这是月面暂现现象的第一个科学依据。接着，1963 年洛厄尔天文台也在月面同一地区发现了红色的亮斑……

进入空间探测时代后，登月的宇航员也有类似的发现。第一个踏上月面的阿姆斯特朗在 1969 年 7 月 20 日，即登月前夕曾向地面指挥中心报告："我正从北面俯视着阿里斯塔克（环形山），那儿有个地方显然比周围区域明亮得多，仿佛正在发出一种淡淡的荧光。"而同一时刻，有两名德国天文爱好者也向柏林天文台报告他们见到阿里斯塔克环形山的西北部在发光。1992 年我国广西有两名天文爱好者用小型望远镜发现了危海边缘有"二氧化氮似的颜色"（发红）达 10 多分钟之久。

据统计，月面暂现现象多数集中在阿里斯塔克及阿尔芬斯两个环形山区域，大约每处有三四百起。其次是在月面洼地的边缘地区。这些辉光亮暗不一，寿命也有长有短（平均为 20 分钟左右），涉及的范围大约有几十千米。

对于月球上存在月面暂现现象这一结论，现在几乎已经没有争议了，但造成这种现象的原因却至今不明。人们曾提出过各种假设。有人认为月面上还存在着少量的活火山，是它们的活动造成了这一切；有人认为是太阳风与月球作用造成的荧光；还有人则猜测是某种摩擦放电形成的电火花；还有天文学家提出，这是地球对月球的潮汐作用引起的，因为地球对月球的引力要比月球对地球的引力大80多倍；当然也有人把它与"月球人"扯在一起……

月球上的各种具体现象可能是由不同的原因引起的，不能"眉毛胡子一把抓"。例如环形山的变化可能是陨星轰击造成的。"阿波罗"14号宇航员在登月时曾在月球上安置了许多科学仪器。它们曾真实记录了一次月面暂现现象。1972年5月13日，一颗大陨星轰然落在仪器附近不远的月面上。它与月面的猛烈撞击使月岩四处飞溅。由于月球重力较小，飞溅过程持续了将近1分钟。事件后，陨星陨落处出现了一个直径几十米的坑洞，大小可与足球场相比。当时4台月震仪都记下了月震曲线。据算，撞击能量相当于1000吨TNT炸药爆炸。可以设想，如果陨星较大，是可以造成或毁灭一个较大的环形山的。而有些辉光则是地球对月球的潮汐力造成的，它使月面上某些区域的引力陡增，使月壳内部的气体逸散出来，扬起细细的月尘，在阳光的映射下就会使我们见到那些神奇的辉光。

2005年11月7日，美国航空航天局设在月面上的仪器还记录到一场陨石雨，无数大小陨石以27千米/秒的速度砸向月面雨海，西经 42.1°、北纬 36.5°的区域，这是一次真正的"流星赶月"。

涛之起也，随月盛衰

生活在大海边的人都知道海水每天涨落两次。白天高涨时称为"潮"，晚上则称为"汐"。退潮时，沙滩毕露；来潮时，白浪滚滚，十分壮观。唐代大诗人白居易曾为此赋诗：

白浪茫茫与海连，平沙浩浩四无边；
暮去朝来淘不尽，遂令东海变桑田。

海潮进入江河的入海口后常常愈加汹涌。我国浙江的钱江潮就是天下闻名的奇观。钱塘江口呈倒喇叭形，在海宁县附近的河底还有沙坎隆起，因此形成的海潮尤为壮观，每年都能吸引大批游客。清代文人沈复在《浮生六记》中描述："出南门，即大海。一日两潮，如万丈银堤破海而过……船即随抬而随潮而去，顷刻百里。"钱江潮最大潮差可达 8.93 米，差不多有三层楼那么高，其势如千军万马，其声似雷霆万钧。

你若仔细观测便不难发现，大海每天的涨潮时间都不相同，大约逐日推迟 50 分钟。这与月亮升落的规律大致一样（月亮每天推迟约 50 分钟升落）。古代有识之士早在猜测两者之间的联系。古希腊航海家比巳斯在公元前 4 世纪就提出了涨潮与月球有关的见解；我国古籍《山海经》中也提到了类似的关系；东汉大哲学家王充在他的《论衡》中明确指出："涛之起也，随月盛衰。"在江苏连云港的孔望山上至今还保存着一块刻有"月末潮生"的石刻。这四个直径 40 厘米的大字的含意是：月亮的作用如同农具耒耜一样，潮水之所以汹涌澎湃、波涛滚滚，就是这把无形的耒耜在海面上耕耘的结果。

　　事实确实如此，潮汐是因为月球对地球不同地方的引力不同而造成的。如下页图所示：A 点离月球最近（与 E 相比，近 1 个地球半径），因而月球对它的引力最大；地球中心 E 处，距离居中，引力也居中；C 点离月球最远，受到引力最小。这样，A、C 处的海面就会升高。你可能会问：A 处受月球引力最大，海水升高可以理解，C 处受月球引力最小，为什么海水也会升高呢？可以这样说明：如果原来 C、E、A 三个人是等距的，每人间隔 2 米，现在 A 向前跨了 3 米，E 跨了 2 米，C 跨了 1 米，这样 A、E、C 的间隔将增大到 3 米。所以从地球上来看，A 与 C 处的海面都呈现为升高的现象——涨潮。但海水总是这么多，A、C 处升高了，B、D 处必然要降低，所以那儿出现了退潮现象。

　　用万有引力定律计算可知，潮汐力与距离的立方成反比，即当距离增加1倍时，潮汐力就会减少到原来的1/8。潮汐力又与引发的天体的质量大小成正比：如果月球质量大1倍，则相应的潮汐力也会大1倍。

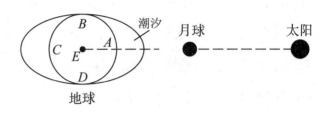

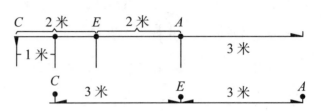

（上）月球对A、E、C引力不同造成了潮汐（下）A、E、C三人向前分别跨出3、2、1米后，彼此距离增大1米

月球能影响地球，引起潮汐，太阳当然也会影响地球。太阳的质量几乎是月球质量的2600多万倍，但太阳的距离比月球远约400倍，因此，太阳引起的潮汐还不及月球的一半大（约46％）。从理论上说，其他行星对地球也有潮汐效应，但实际计算发现，它们与月潮相比是微不足道的，我们平时只要考虑月球与太阳的影响就可以了。

在朔与望的时刻，太阳、地球、月球几乎在一条直线上，A、C两处受到同样的潮汐力，两种潮汐叠加起来就形成了最大的大潮。所以，海宁观潮的最好时刻是在农历的初二、初三及十七、十八。大潮不出现在初一、月半是因为还有各种复杂的因素对潮汐有影响，如地理形势、海水黏滞、洋流、水深、气流等等。综合起来看，大潮一般在朔、望后一二日出现。在上弦或下弦时刻，太阳把A、C处海水拉高，B、D处海水退潮，但月球却使B、D处海水涨潮，A、C 处落潮，二者合力的结果是在 B、D 处出现较小的潮汐，A、C 处反而是落潮。

需要指出的是，地球差不多 24 小时转一圈，而潮汐的周期是 24 小时 50 分，比自转慢，于是潮汐会对地壳产生摩擦。这种摩擦对地球的自转起着阻滞的作用，因而使我们 1 昼夜的时间变长。在现阶段，大约每 100 年使 1 日的长度增加 0.0016 秒。

从牛顿定律可知，作用总是相对的。月球对地球有潮汐作用，地球对月球也同样有潮汐作用；而且因为地球质量更大，所以地球对月球的潮汐力比月球对地球的潮汐力大 22 倍左右。尽管月球上没有水，不会出现水潮汹涌的场面，但因为它不是标准的球体，而且正面半球的质量比背面大，所以地球对它的自转仍起着巨大的阻滞作用。正是这个原因使月球今天变成了同步自转——卫星大多同步自转的原因都出于此。

潮汐对人们，尤其是对沿海地区人们的生产及生活有重要的影响。船只出入港口、海洋捕鱼等都必须遵循海水涨落的客观规律。海水的涨落又是一种大自然赋予的宝贵能源，它不会造成任何污染。如何利用潮汐能是目前各国科学界研究的课题。目前，有些国家已建立了实验性的潮汐发电站。

月面上的中国人

自伽利略 1610 年首次绘制人类第一张月面图（5 幅）

以来，几百年来各国科学家努力绘制的各种月面图实在难以计数，人们公认有一定学术价值的就有 150 多幅，其中最大的一幅直径达 7.5 米，挂起来比二层楼还高。随着现代空间探测技术的发展，人们对月球（正面）的了解已经到了无以复加的程度，甚至有人说：现在我们对于月球表面的了解已超过了对于地球海底的了解。

但由于之前人们一直看不到月球背面，于是就有人说月球背面是平的，整个月亮如半个西瓜；也有人说月背凹下去，像个大铁锅……

这些无稽之谈到了空间时代也不攻自破了。1959 年 10 月，苏联"月球 3 号"自动型星际探测器飞到了月背上空，拍得了世界第一批月背图，为我们送来了第一批关于月背的科学资料。

粗略地说，月背同正面一样，也是一个大花脸，但更加起伏不平。在背面，"海"仅有三个（莫斯科海、东海、智海），而且都很小。更奇怪的是，月球背面没有物质密集区（正面有 12 个，天文上称为"质量瘤"或"月瘤"）。而且，月背半球的月壳比正面厚，但总的质量却比正面小，所以月球质心不在中心，而在离中心向地球方向 2 千米处。月球的最大半径和最小半径都位于背面处，两者相差 9 千米。

月球上的环形山一般都是以科学家的名字命名的，从 1970 年开始，国际天文学联合会已经 4 次对月面上的各种地形进行了统一命名，正面的大环形山因历史原因很早就被西方所"瓜分"，所以现在正面只有一个很小的"高平子"山以中国人名字命名。连同背面在内，现在留名于月面的中华儿女共有 11 人和 1 个地名。

高平子是中国现代天文学家，1888 年出生于江苏金山，本名高均，因仰慕汉代天文学家张衡（字平子）而改名。他开创了近代中国的太阳黑子观测和子午测时的工作，最早主持《天文年历》的编算，还协助筹建了紫金山天文台，对促进中外科学文化交流作出了很大的贡献。

月面上的中国人名及地名

命名时间（年）	英文名	中文名	大小（千米）	月面经度	月面纬度
1970	Kuo Shou Ching	郭守敬	34	西 133.7°	北 8.4°
	Chang Heng	张　衡	43	东 112.2°	北 19.0°
	Shi Shen	石　申	43	东 104.1°	北 76.0°
	Tsu Chung-Chi	祖冲之	28	东 145.1°	北 17.3°
	Wan-Hoo	万　户	52	西 138.8°	南 9.8°
1976	Chang-Ngo	嫦　娥	3	西 2.1°	南 12.7°
	Sung Mei	？	5.0	东 11.3°	北 24.6°
	Rima Man-Yu	？	12	西 31.5°	北 20.0°
	Chang-Te	景德镇	4	东 30.0°	北 20.0°
1982	Kao	高平子	34	东 87.6°	南 6.7°
1985	Rima Sung Mei	？	4.0	西 11.3°	北 24.6°
？	Li Po	李　白	15	东 90.6°	南 3.5°

注：凡是月面经度＜90°的就在月球的正面，月面经度＞90°的则在背面。

表中还有 3 个人至今无法确认是谁，而其中很可能有两位是巾帼英雄。

在 1970 年所命名的与中国有关的 5 座环形山中，前 4 座的命名都是取自比较著名的中国古代天文学家，只有万户名不见经传，在国内也遍寻无着。后从海外资料知道，他是明代一个小武官，真姓实名已失考，仅知道他活动于公元 14 世纪末明太祖洪武年间。据传他原来是民间一个心灵手巧的木匠，从小喜好钻研工艺技巧，后来弃艺从戎，在军队中充分发挥了自己的聪明才智，改进了许多兵器，

制成了许多原始火箭——"神火飞鸦"、"火龙出水"等。国外一些研究中国科技史的学者认为他是"世界上第一个试图利用火箭作飞行的人"。

万户还为此献出了自己的生命。他知道火药威力巨大，希冀利用这种力量去遨游太空，并不顾家人劝说，决心"以身试之"。经过多日的盘算，他选了一个风和日丽的日子，命人在大院内做好一切准备，然后让仆人把他的身体牢牢地捆绑在椅子上，椅子下面则安置了47 枚他发明的原始火箭。万户的双手各擎着一只巨大的风筝，他希望上天后用它们来控制飞行的方向

并最后平安降落。一切准备就绪后，他下令仆人点火。哪知药性猛发，只听得"轰隆隆"一阵震天巨响，满院子硝烟弥漫，木片、纸屑四处横飞，万户也被炸得粉身碎骨了。

万户勇于探索、大胆献身的无畏精神感动了世界，因而在月背上得到了一席之地。

哪有什么"月球人"

月球上没有生命，这早已成为常识。然而，关于这个问题至今仍有争议，不时会有耸人听闻的消息传出。对此最热衷的是美国的乌姆兰德兄弟。他们广泛收集各种报告（其中很多是暂时未能解释的"月面暂现现象"），并且发挥了充分的想象力，在 1976 年出版了一本关于玛雅文化的书①。该书涉及范围甚广，其中有一节专门讲述"玛雅人与月球"。书中说，1950 年社会上流传在一个玛雅庙宇的圆形拱门上发现了一幅月球背面图。接着，他大量援引了 UFO "权威人士"特伦奇的资料说："大约在 40 年前，天文学家们发现，在月球表面上有一些无法解释的'圆顶物'。……到 1960 年时，已经记录下来的就有 200 多个。更奇怪的是，人们发现它们还在移动，从月球的一个部位移动向另一个部位"。

书中还说，苏联"月球"9 号和美国"宇航"2 号两颗卫星从两个相距很远的方位拍摄到了月球上的一些"尖顶

---

① 该书已有中译本——《古昔追踪》，李宗蕖译。江苏科学技术出版社，1983 年版。

物"。据特伦奇的说法，它们"像是智慧生命放置在那里的"。尖顶的直径约为 15 米，高 13～23 米。

作者由此提出："有没有这样一种可能，玛雅人至今还生活在月球的表面之下，因为那里的温度变化不那么剧烈，可以躲开像暴雨那样袭来的小陨星，而且还有可能找到氧气和水蒸气。"

在国外还传说美国国家航空航天局有一份名叫《月亮大事记》的文件，其中第 R-227 号技术报告中曾记载了从 1540 年 11 月 26 日起到 1967 年 10 月 19 日为止的 400 多年间对月球所作的观测中的异常现象，其中不少也为乌姆兰德书中所援引。报告中说，"月球轨道" 2 号探测器在静海上空 49 千米处拍到了月面上有一些方尖石。阿勃拉莫夫博士计算了方尖石的角度及分布，认为它的布局是一个"埃及三角形"，很像开罗附近吉泽金字塔形的分布，而方尖石上许多"侵蚀"的条纹是极其规则的正方形图案……

法国科学家阿尔弗雷德·纳翁在《月球及其对科学的挑战》一书中刊载了 49 幅首次公开的月面照片，展示了月面上一些区域的地形变化。这位科学家说："这里发表的月球正、背面的照片原来都是彩色的，其生动的图像令人吃惊，它们都表明了一点：月球上可能存在着智能活动。"有位苏联天文学家在苏联《共青团真理报》上撰文说："月球可能是外星人的产物，15 亿年来，它一直是他们的宇航站。月球是空心的，在它荒凉的表面下存在着一个极为先进的文明世界。"

美国航空航天局的报告还列举了一些登月宇航员的异常经历。"阿波罗"11号的宇航员阿姆斯特朗（第一个踏上月面的人）向休斯敦地面指挥中心报告月面情况时曾吃惊地说："这些东西大得惊人。天哪，简直难以置信！我要告诉你们，那里有其他宇宙飞船，它们排列在火山口的另一侧。它们在月球上。它们在注视着我。"而在"阿波罗"15号登月期间，人们又记录到了一种发自月球的奇特的长哨声，其中有一句包括20个单词的话，而且重复了多次。这陌生的声音一度切断了两位登月宇航员与休斯敦的通信联系。

1986年，美国《太阳报》（即曾制造"月亮骗局"的那家报纸）又发布了一则轰动的消息，说是苏联的空间探测器在月球背面发现了一座城市，巨大的城墙内还有"飞碟基地"，城内的若干巨大建筑物清晰可见……

1987年3月，一些苏联科学家居然声称他们在月球上发现了一架美国在第二次世界大战中使用过的轰炸机。据苏联首席航天专家麦杰维耶夫博士说，从他们发射的人造月球卫星上拍回的照片显示，在月球某环形山口中的那架美国重型轰炸机虽然有些地方的表面已被微流星毁坏，但仍相当完整，机身上那美国空军的标志放大后仍清晰可见。更奇特的是，这位博士还说：整个飞机的机身表面上似乎还布满了好像是青苔那样的绿色物体，给人以刚从水中捞出来的感觉。这位专家的结论是："我们只能推测这架飞机可能是被外星人劫持，将它送到了月球上。"对此，瑞士UFO协会主席威廉·格达则把它与百慕大三角区挂上了钩，他说："它极可能与百慕大魔鬼三角海域的飞机、船只神秘失踪有关。这架飞机可能是我们所需要的证据。"1 年多后，麦杰维耶夫博士再发惊人之语：当苏美联合

月球上的
美国重型轰炸机

组成的小组准备深入调查此事时，这架飞机又神秘地消失了，而且几乎没有留下任何痕迹。最时髦的解释自然是：外星人得知飞机已被地球人知道后就采取了紧急措施，把它转移到别处去了。

这当然是天方夜谭，始作俑者是美国《每周世界新闻》。这些只是为愚人节编造的笑料，其编辑伊冯直言不讳地承认这份周刊不是科学出版物，它的读者中多数人希望从耸人听闻的消息中寻求刺激，因此"我们常用喜剧的形式来编造种种航天故事"。实际上那幅月球上的飞机照片也明显有伪造痕迹，因为照片中是 1955 年才服役的 B-52 轰炸机，在二战时只有 B-29。

英国空间中心一个高级职员曾揭穿过这个谎言，指出该环形山名代达罗斯，直径为 100 千米，如照片属实，那架飞机少说也有上百千米长，世上岂有这样大的家伙？

事实告诉我们，"新闻"年年会冒出来，我们却不能盲目地信以为真，被它们牵着鼻子走。

"人造月"是祸是福

有词曰："明月几时有，把酒问青天。"由于月亮有阴晴圆缺的变化，终让人留下一些"此事古难全"的缺憾。能否让"嫦娥"永远驻留在夜空为人们服务呢？

当人类进入太空时代后，"人造月亮"① 也就被提到了议事日程上。最早透露这种计划的是法国。法国科学家为了纪念举世闻名的埃菲尔铁塔建成百年，曾打算在 1989 年向太空发射一个"人造月亮"，并称为"空中埃菲尔塔"。他们希望像 100 年前人们把埃菲尔铁塔看作跨入 20 世纪的象征一样，让它成为进入 21 世纪的标志。

其实美国航空航天局也有类似想法，甚至更早于法国，他们在 1983 年时就曾未公开地提出过一个方案，可因耗费巨大、预算骇人而迟迟得不到批复。后来只得缩小规模，变成了落在法国之后的"阿莎德计划"，但预算仍高达1000 万美元。计划于 1990 年实施。

可惜，"空中埃菲尔塔"成了空中楼阁，"阿莎德计划"也只是纸上谈兵，倒是不声不响的俄罗斯首先实现了这个梦想。因为幅员辽阔的俄罗斯不少地方处于高纬度地区，对于缺少阳光有切肤之痛，所以对于人造月亮的需求更加迫切，希望让它供应阳光，减少因为夜间低温霜冻所引起的损害，提高农业产量，节省照明用电……

---

① 原则上人造地球卫星也是"人造月"，但因没有"月光"，所以一般只指能反射大量阳光的天体。

1993年2月4日莫斯科时间8时22分（北京时间13时22分），早已在"和平号"空间站上的两名俄国宇航员马纳罗夫和波列修克利用"进步M15号"货运飞船成功地实现了"旗帜计划"，让人类第一次见到了人造月亮发出的美丽银光。

在地面控制人员的指挥下，运货完毕的"进步M15号"飞船顺利地与"和平号"分离开来，当两者距离增大到150米时，固定在货运飞船上的装置打开了一顶非同寻常的大"伞"。此"伞"直径为20米，相当于两个排球场的面积，但总重却只有44千克。其实这是一个薄片式结构的反射镜，表面镀有5微米厚的反光镀层，因此反光能力极强，当它依靠自转（开始时每分钟95转，最后降为14转）的离心力徐徐张开后，2名宇航员清楚地见到了它像探照灯那样发出了明亮的光束扫过地球，他们当然不会忘记把这动人的画面摄入镜头。

这个伞形人造月离地面有380千米，在这样的高度，它绕地球转动的速度很快（90分钟可绕转一圈）。它在地面上形成的迅速移动的光带宽约4千米，光带内的亮度比真正的满月所照还略亮一些，但在每处持续的时间只有区区7秒钟。而且因为当时欧洲许多地区上空浓云密布，实际上能见到人造月的地方甚少，还有很多人已入梦乡，所以目睹这奇景的人少得可怜。

尽管这个人造月与人们的期望相去甚远，既没有美轮美奂的视圆面（视直径仅10″）可供人品味欣赏，7秒钟的满月光似乎也无济于事，但还是获得了不少人的喝彩，我国也曾把它评选为"1993年十大科技新闻"中的亚军。

6年后的1999年2月5日，他们进一步实施了"旗帜2.5计划"。如果成功，它在太空打开后，8个如同花瓣一样的反射镜直径将达25米（重不到4千克），在俄罗斯、法国、捷克、加拿大等几乎所有"和平"号空间站运行轨道经过的国家，都会陆续出现一束自太空投下的阳光。此光束在地面的直径为5～7千米。夜色中，这束"太阳光"将比满月的光强5～10倍，街头的人们尽可在这样的光下看书、下棋。然而当"进步M-40"货运飞船运行到距"和平号"400米，俄罗斯的两位宇航员试图借离心力把反射镜展开时，谁知该打开的未打开，不该打开的飞船上的天线却突然张了开来，并钩住了它的太阳能帆板。尽管宇航员使出了浑身解数，可都无济于事。因怕未能展开的这个"人造月"危及"和平号"本身的安全，他们只得让它坠入大气层焚毁，实验又是功亏一篑。

然而，世界上也有不少人对此实验大为不满，俄罗斯国内有很多人对此持否定态度，尽管此项实验的费用仅100万卢布，但仍有人认为"不应该这样往天上白白扔钱！"俄罗斯科学院院士亚布洛科夫当时便责难："如果那条烦死人的、明晃晃的光带扫过鸟兽的栖息地，叫它们还怎么睡觉？森林在夜间还要不要呼吸？"许多生态学家也认为，无端去打乱动植物的生物钟，干扰生物圈，完全是一种"无知的狂妄之举"。

最为此忧心忡忡的还是天文学家，它造成的强光将使人们再也看不见星星，那些昂贵的观测设备将无用武之地，由此造成的后果也难以设想。

因此，人造月亮究竟是祸是福实在是一个值得深思的问题。

炸月——吓人的狂想

多数人对月亮情有独钟，大唱赞歌，可世界上也有人十分仇视月亮，简直将之看作眼中钉、肉中刺，必欲置之死地而后快。

此人即是美国爱荷华州大学的数学家亚历山大·阿比恩教授。如果撇开他关于月球的问题不谈，他亦是一位受人尊敬的学者，在 24 年执教生涯中发表过 200 多篇论文和几部专著，现在有 3 条数学定理是以他的姓名命名的，的确可称得上是一个成功者。

可是 1991 年他却异想天开，对太阳系的现有结构发起了挑战，他说："从 7000 万年前的灵长目化石开始，从来没有一个人反对现有的天体组织，我们就像盲从的、可怜的奴隶。"

他首先要造月球的反。在他看来，正是月球的引力才使地球自转轴倾斜了 20 多度。"如果没有月球，地球就会平稳地运转，太阳也会不偏不倚地

把热量均匀分配给地球上每一个角落，人类就能生活在'永恒的春天'中。"因此，他建议人类应当设法炸毁月球。先用装有核弹头的导弹把月球炸成两半，甚至更多的碎块，以后再各个击破，一一歼灭。

此怪论出笼后，居然还有人附和，例如俄罗斯有位教授虽然也对此可能造成的严重后果不无忧虑，但还是十分赞同阿比恩的主张，因为俄国许多地方实在被冰天雪地的严寒害苦了。德国一家电视台、英国两家报纸还先后去走访了这个狂人，消息很快传遍世界。

真是"三人成虎"，后来这事竟变成了这样一个"故事"：美国总统已签署了一个炸毁月球的"科学计划"，不久的将来就要发射 3 枚带着氢弹的火箭去轰炸月球，并让其碎块来冲击地球，以纠正地球自转轴的倾角。这样一来，世界各地不再会有四季变化，沙漠、荒滩就会变成伊甸园式的天堂。

阿比恩真是昏了头。地球有四季五带的根本原因在于

阳光射来的角度。如果地球自转轴不倾斜，赤道区域将变得更加酷热难当，两极的严寒区域将比现在更大得多。哪有什么全球"永恒的春天"？只会有更广阔的不毛之地！而且这样人为改变环境后，现有的生态系统都会被彻底打乱，不知会使多少动植物遭到灭顶之灾。动物、植物都是人类不可或缺的朋友，它们都一一灭绝了，人类如何生存？所以没有一个环境学家不感到其后果"太可怕了"。

深入研究下去，消灭月球的可怕后果还远远不止于此：碎块铺天盖地而来，地球上的文明社会受得了吗？没有月球后由于角动量突变，地球自转会骤然变慢，"急刹车"将造成全球范围的巨大风暴，20级（风速80米/秒）的飓风加上巨大的惯性作用，很少有高层建筑能幸免于难。没有月球后，大海的潮汐会大大减小，江河则更难畅通，令人头痛的污染将更难治理……

再说，从前面所述也可得知，行星自转轴倾斜是它们长期演化的产物，与有无卫星没有直接关联。火星的"月亮"那么小，倾角比地球还大半度；木星有那么多卫星，还有太阳系最大的卫星（木卫三），可倾角却与没有卫星的水星一样（3°），所以炸了月球并不会改变地球自转轴的方向。

我们大可不必理会阿比恩教授的观点，因为就人类目前的科学技术水平而言，人类在大自然面前还是弱者，哪有什么炸毁月球的神力？要知道，月球不是足球、篮球，可以让运动员玩于股掌之中，月球远在38万千米之外，导弹、飞船要走好几天方可到达。月球的质量虽然比不上地球，可也非同小可——7350 亿亿吨！这样的庞然大物，岂是 3 颗氢弹可以销毁得了的？对于高度发展的文明社会而言，使用任何核武器都是一场浩劫，能使大批生命生灵涂炭。可对月球而言，不难算出，一颗百万吨级的氢弹与一个直径百来米的陨星并无多大区别（不计核污染），即使 3 个氢弹加在一起，充其量也就能使月面上多增加一个不太大的环形山而已。而这样大小的环形山在月面上已成千上万，多一个少一个无伤大雅。

不是有人常说"人类目前拥有的核武器足以毁灭地球几十次"吗？千万别相信超级大国的这种"核讹诈"。当然对于文明社会或者人类而言，此话确有一定道理，所以我们要坚定不移地反对使用核武器。可是对于天体，尤其是如月球、地球那样的大星球，人类是伤不了它们的"筋骨"的。

├ 其他行星的"月亮"——卫星

行星围绕着太阳运行，卫星又绕着行星旋转，这是现在人们都知道的常识。但在哥白尼以前，人们还不知道行星有自己的伙伴或"子女"，所以伽利略在刚发现 4 颗大木卫时将这四颗在大神"朱庇特"身旁徘徊的小星星称为"Satellite"——"赛忒里脱"。在拉丁文中，它的意思是专门阿谀奉承、攀结权贵以求发迹的"小人"。

卫星或许是宇宙间普遍存在的现象。但是除月球外，其他卫星发现得都很迟。直到 17 世纪以后，卫星队伍才慢慢扩大起来。到 20 世纪 70 年代末，人们所知的卫星数已达 34 颗。此后，人们开展了大规模的空间探测，许多宇宙飞船飞近大行星，地面大望远镜及许多观测新技术也投入应用，卫星世界大为兴旺起来。到 2005 年上半年止，已知卫星数已超过了 140 颗。这么多的卫星形态各异，大的超过了水星，小的不过是几千米大小的巨砾；有的拥有自己的大气层；有的表面上山峦迭起，沟壑纵横；有的表面上火山隆隆，遍地熔岩；有的洁白如雪；有的漆黑如墨——各有特别的韵味……

卫星发现时间次序表（空间探测之前）

17 世纪（及以前）		18 世纪		19 世纪		20 世纪	
卫星名	发现年份	卫星名	发现年份	卫星名	发现年份	卫星名	发现年份
月 球	（1543）	天卫三	1787	海卫一	1846	木卫六	1904
木卫一	1610	天卫四	1787	土卫七	1848	木卫七	1905
木卫二	1610	土卫一	1789	天卫一	1851	木卫八	1908
木卫三	1610	土卫二	1789	天卫二	1851	木卫九	1914
木卫四	1610			火卫一	1877	木卫十	1938
土卫六	1655			火卫二	1877	木卫十一	1938
土卫八	1671			木卫五	1892	天卫五	1948
土卫五	1672			土卫九	1898	海卫二	1949
土卫三	1684					木卫十二	1951
土卫四	1684					土卫十	1966
						木卫十三	1974
						冥卫一	1978
						天卫十六	1997
						天卫十七	1997

开普勒的古怪猜想

1610 年，伽利略发现 4 个大木卫的消息轰动了世界。消息传到德国，开普勒分外高兴，他为朋友取得的成就而骄傲，这一消息也勾起了他的遐想。开普勒研究火星已有 10 年，并从中发现了行星运动第一、第二定律[①]，所以对它有着特殊的"恋情"。他思忖：火星轨道内的地球有 1 颗卫星（月球），轨道之外的木星有 4 颗卫星，那么火星很可能应有 2 颗卫星，这样才能组成"1，2，4"的等比数列，宇宙才显得"和谐"。当时开普勒在给一个友人的信中就满怀信心地说："我非常相信木星周围存在 4 颗卫星，因此，我正在用心研制一种望远镜，以便赶在你之前——如果可能的话，发现火星周围的 2 颗卫星。"

开普勒和伽利略是同时代的两个伟大的天文学家，他们一个从观测上提供了哥白尼学说的证据，另一个则从理论上改进了哥白尼的太阳系模型。可是两人

① 第一定律又称椭圆定律：所有行星轨道都是以太阳为焦点的椭圆。第二定律又称面积定律：即在同一时间内，行星所扫过的扇形的面积相等。由此可知：行星在近日点时速度最快，在远日点时速度最慢。

却很少来往，所以当开普勒从刊物上见到伽利略为土星"附属物"发表的那个包含 39 个字母的字谜后，便以为伽利略与他一样在研究火卫。因此他对这个字谜着了魔，废寝忘食地反复排列。真亏他想得出来，只要去掉"i、m、v"三个字母便可拼出这样一句拉丁文：

"Salve Umbestineum geminata Martia proles." 翻译过来大意就是："向您致敬，火星的孪生子!"这真是少见的张冠李戴，歪打正着!

开普勒的猜测虽然没有科学根据，但当时却有不少人信以为真，盲目地接受了。一个世纪之后的 1726 年，英国出版了一本政治讽刺小说《格列佛游记》。这本以"大人国"和"小人国"而闻名于世的小说中描写了一个"飞岛国"，说那儿的居民"勒皮他人"已经发现了火星的 2 个卫星："……2 颗较小的卫星在围绕着火星转动：靠近主星的一颗卫星距主星中心的距离为主星直径的 3 倍，而外面一颗是 10 倍……前者 10 小时运转一周，后者则需要 21 小时半……"此后，还有一本科幻小说《米克罗梅加斯》中说，这 2 颗卫星小得叫旅行家简直"无法下榻"。

令人叫绝的是，火卫实际发现于小说出版后 150 年的 1877 年，而这些作者竟能八九不离十地描绘出火卫的概貌，实在是少有的奇事。以致后来有人诙谐地说，《格列佛游记》的作者斯威夫特大概就是"火星人"!

多亏听了夫人言

现在我们都知道，由于 2 颗火卫小得出奇，所以十分暗淡，即使在火星大冲时刻它们最亮的亮度也分别只有 11.5 及 12.5 等，比火星暗 63000 多倍。正像在几千瓦的太阳灯旁难以见到蜡烛光一样，它们也常常被火星的强光所淹没。因而火卫发现得很迟。关于火卫的发现还有一则趣事。

1877 年是火星的大冲年，意大利天文学家斯基帕雷利从火星上发现"线条"从而引出了"运河"及"火星人"，而大洋彼岸的美国天文学家霍尔却从观测中得到了另外的收获——发现了火卫一和火卫二。

霍尔是美国一个制造木壳钟商人的儿子，从小丧父，幼时生活坎坷，27 岁时才开始断断续续地去听一些天文课，32 岁时在天文台找到了一个工资低微的助手职位。幸运的是，那个天文台后来得到了一架当

时世界第一流的折射望远镜（口径 66 厘米，长 13 米）。霍尔正是用它作出了许多发现。1877 年，已近 48 岁的霍尔把它对准了火星，可是多少个不眠之夜过去了，仍然一无所获。8 月 10 日大冲即将结束，霍尔心灰意冷，准备偃旗息鼓。可他的妻子斯蒂芬妮却热情地鼓励他，劝他"再坚

持观测一夜"。为了不拂爱妻的心意，霍尔照办了。哪知就在这一夜，他果然在火星圆面附近发现了一颗光度微弱的小天体。但正当他要仔细测定时，云朵涌了过来。接着，一连几天都是无法观测的坏天气，霍尔心急如焚。直到8月17日，他才再度在望远镜中逮住了目标，并确证目标是个火卫，即现在被称为"德莫斯"的火卫二。那一夜，他还发现了离火星更近的"福波斯"（火卫一）。在希腊神话中，福波斯和德莫斯是"战神"的两个侍从——"恐惧"和"战栗"。

火卫一和火卫二小极了，真是卫星世界中的小不点儿。根据美国"海盗号"的近距探测，它们的形状很不规则，很难用什么几何形状来描述。两颗火卫的表面上有许多环形山似的大大小小的陨石坑，火卫一上最大的一个陨石坑——斯蒂芬妮（霍尔妻子的芳名）环形山直径达8千米，而火卫一本身大小仅约10千米左右，此外还有许多小环形山形成了"山链"。这颗小火卫上还有一条沟纹，最宽处竟有500米。火卫二上同样也有若干小小的陨石坑洞。

火卫一的运行周期短于火星自转，这在卫星世界是独一无二的。《格列佛游记》的作者斯威夫特在150多年前就预言了这一点，真令人不可思议。因为火卫一的公转周期是7小时39分，火星的自转周期是24小时37分，所以从火星上看，这个"月亮"是西升东落的，差不多"一天"中要升落2次（1次在白天）。不过这个"月亮"与我们地球上看到的月亮相比要逊色得多。它形状不讨人喜欢，视面只有满月的 1/7 （视直径约 12′左右），比我们的月亮暗 2500 倍。火卫二则更小。它离火星 23520 千米，所以尽管它的运行是正常的东升西落，但亮度最强时也仅与金星相当。在火星表面上已很难见到它有一个"月亮"似的圆面了。

这两颗小卫星的准确大小与质量都是美国"海盗号"探测器逼近它们时才测得的。如果勉强把它们看作一个三轴椭球体的话，则火卫一的大小为 $13.5 \times 10.8 \times 9.4$（千米），火卫二仅有 $7.5 \times 6.1 \times 5.5$（千米）。把火卫二搬到地球竖起来，还不如珠穆朗玛峰高呢！火卫一的质量为 1.1×10^{16} 千克（11 万亿吨），由此算得它的平均密度仅为 2100 千克/米^3，比地壳的平均密度还小。如果 2 颗火卫的构成、平均密度相仿（这是合乎情理的假设），则火卫二的质量约为 1.38×10^{14} 千克（1380 亿吨）。

通过研究，人们发现这 2 颗小卫星与碳质球粒陨石或碳质小行星很相似，所以不少天文学家认为它们很可能就是被火星"抓获"的小行星。由于火星对它们的摄动作用，火卫一正在不断地降低高度，向火星接近，但火卫二却反其道而行之，正在远离火星。前面曾提到，火卫一曾使苏联的谢克洛夫斯基教授受了"蒙蔽"，发出它们是中空的"太空博物馆"的惊人之语。

他为何把伽利略告上法庭

人们都相信，木星的 4 颗大卫星（木卫一、二、三、四）是意大利伟大的天文学家伽利略发现的。他有许多手描的观测图，附在 1610 年 3 月出版的《星空的使者》一书之中。这本小册子当时震撼了整个科学界，使人们对望远镜产生了狂热之情，伽利略的名字很快传遍了世界。佛罗伦萨的统治者给了他一个俸禄极为可观的闲职，为他专心搞研究解除了后顾之忧。后来，人们还把那 4 颗卫星统称为"伽利略卫星"。木卫的发现也是哥白尼太阳系学说最早的观测依据。

伽利略发现木卫后获得了殊荣，但这个消息传到德国后却引发了麻烦。当时研制望远镜的不只伽利略一人，例如英国有哈利奥特，德国有西蒙·马里乌斯（又名西蒙·梅耶），马里乌斯也在用望远镜研究星空，并声称他比伽利略更早 10 天见到了木卫。因而他把伽利略告上法庭，称伽利略剽窃了他的成果……

伽利略当然寸步不让。在发现权这个问题上，绝大多数人相信并支持伽利略。伽利略为卫星运动所作的解释也使他当之无愧地获此殊荣。

但伽利略并没有取得完全的胜利。他为了报答佛罗伦萨最高统治者的恩典，决定把所发现的四颗木卫以这位统治者的名字来命名，都称为"梅迪西安星"。天文学家对于这种做法十分失望，断然拒绝了这个取悦权贵的名字。相反，马里乌斯为它们所起的名字则好得多。他按离木星由近及远的顺序分别称之为伊俄（木卫一）、欧罗巴（木卫二）、加尼梅德（木卫三）和卡列斯托（木卫四）。这是四个女神的名字。在罗马神话中，她们都是大神朱庇特宠爱的神灵；朱庇特正是木星的大名，所以用他所宠幸的女神来命名木卫，实在是最恰当不过的了。这些名字一直被沿用到今天，并成为以后命名其他木卫的惯例。后来发现的9个木卫都是以同朱庇特有关的女神来命名的。

这桩公案早在他们的时代就已经了结了，但是到 20 世纪 80 年代事情又有了戏剧性的变化。

1980 年，我国天文学家席泽宗从古代史料中考证出，早在战国时代，我国的天文学家甘德

就已发现了木卫三。甘德是齐国人，生卒年代失考，他的两本著作《岁星经》及《天文星占》亦早已失传，但唐代天文著作《开元占经》曾援引过不少甘德的原著，其中就有这样一段话："单阙年间……木星……巨大而明亮……有一小赤星随之。"木星"蓄有小赤星附于其侧，是谓同盟"。"同盟"二字，表明了它们之间的从属关系。所以席泽宗认为甘德比伽利略早两千年发现了木卫。从大量资料推算可知，甘德的记录应作于公元前 400 年至公元前 360 年间，最大可能是在公元前 364 年夏天，当时木星正位于宝瓶座内，又值冲日期间，所以很亮。

甘德用肉眼见到木卫三是否可能？实践是检验真理的唯一标准。为此天文学家刘金沂等 8 人（其中有 2 名中学

教师、4名中学生）于1981年3月专程到北京天文台兴隆观测站作了模拟观测。兴隆站在河北东北部的山峦之中，远离城镇，大气非常洁净，观测条件甚为理想。结果他们8人都见到了木卫三，有3人甚至还见到了木卫二。此后，我国北京天文馆也有人从模拟观测中证实了这个结论。实际上美国天文学家中也有不少人肉眼见过木卫三，例如发现最大自行恒星的巴纳德也曾声称有时可用肉眼见到木卫。

　　木卫的大小很早已被测定过，"旅行者"飞船又对它们进行了近距探测，不仅测定了它们准确的直径大小，甚至还绘制出了其详细的表面地形图及内部结构模型。现在我们确证，4颗伽利略卫星在木星冲日时的亮度的确都在目力所及范围之内（视力好的人在理想的观测条件下可见6.5等）。

伽利略卫星的概况

	木卫一 （伊俄）	木卫二 （欧罗巴）	木卫三 （加尼梅德）	木卫四 （卡列斯托）
半径（千米）	1815	1569	2631	2400
质量（10^{22}千克）	8.89	5.58	14.94	9.38
最大视直径	1.05″	0.87″	1.52″	1.43″
最大视亮度	5.43 等	5.57 等	5.07 等	6.12 等

充满活力的伊俄

在希腊神话中，珀拉斯戈斯国王有一个活泼可爱的女儿伊俄。主神宙斯看中了这位如花似玉的公主，他们二人相爱了。宙斯怕被神后赫拉发现他们的恋情，就施展法术将伊俄变成了一头洁白温驯的小母牛。其实赫拉早已知道了这一切，但她不动声色，故意要宙斯带她到伊俄那儿去游玩。宙斯不知她的奸计，十分高兴。到了那儿，赫拉见到了那头小白牛，故意装得十分喜欢，要求宙斯把它作为礼物赠送给她。宙斯十分为难，但也只得答应。赫拉把小白牛带回去后，把它锁在深宫内，命令百眼巨怪阿耳戈斯严加看管。这个巨怪有 100 只眼睛，他睡着时也只闭上 2 只眼，还有 98 只眼睛盯着伊俄。宙斯情急之中叫儿子赫耳墨斯（即水星的主神）去与巨怪周旋。聪明的赫耳墨斯设计使巨怪闭上了所有的眼睛，还砍下了它的头颅……可是赫拉很快发现了这一切。她把小白牛夺了回来，不断地折磨它。小白牛被赫拉弄得死去活来，几乎发狂。宙斯没有办法，只能俯身央求赫拉，赫拉也被小白牛凄厉的呼叫震撼了，恻隐之心油然而生，于是放了它并让她恢复了人形……

把伊俄的名字赋予木卫一是十分贴切的，因为它离木星表面仅 116000 千米，还不到木星半径的 2 倍，是 4 颗伽利略卫星中与宙斯最亲近的。

1974 年，苏联女天文学家普罗科菲娅娃曾发现木卫一的亮度时有增强，后来又发现它的光谱中有令人诧异的钠、镁、铁、钙等金属放射线，当时无人能对此予以说明。

"旅行者"飞船后来解开了这个疑团。1979年3月，"旅行者"1号飞近它时，发现它上空有几百千米高的奇特蘑菇云。分析表明，这是木卫一上面的火山活动造成的。资料表明，在这颗纯金般颜色的卫星表面上至少有3座火山正在喷发。这是人类第一次见到地球之外的火山活动，而且规模远远超过了地球上的火山。当年意大利埃特纳火山大爆发时，喷发物质的速度最大不过51米/秒，而木卫一上火山的喷发速度竟是它的20倍——1000米/秒！4个月后，"旅行者"2号又发现了更多的活火山，已辨认出的火山口至少有100个。

1996年"伽利略"飞船赶到时，则又是一番新景象。拉帕泰拉大火山的喷出物直冲到100千米的高空，而且它喷发出来的是蓝色的火焰，分明是硫在燃烧。与17年前"旅行者"提供的资料相比，该火山周围至少已有4万多平方千米的范围被新火山的熔岩所淹没，也就是说17年它就可造出如丹麦那么大一块新土地。

根据这些活动状况判断，木卫一的地貌时刻都在变化，熔岩铺地的速度可达每年1毫米，即便是像美国亚利桑那州深170多米的著名大陨石坑，不消20万年时间也会被熔岩抹平。因而，木卫一上最明显的特征是见不到我们熟悉的环形山或陨石坑。据算，它的表面物质的年龄不超过1000万年。相对于40多亿年的高龄，1000万年算什么呢？

可真用得上"鹤发童颜"来形容了。

根据红外测定，木卫一的整个表面与木星相仿，处于-100℃的低温状态，但在喷发区域的温度却在300℃以上。木卫一所辐射出的热量要比月球强90倍。

在木卫一的上空还有一层美丽的烟雾，其主要成分是硫和钠。钠原子是使它成为金黄色的原因所在。为什么木卫一上火山活动如此强烈？一般认为是木星对它的强大潮汐力引起的——它使得木卫一表面会像潮水那样升落，而外面木卫二、木卫三的潮汐作用又会使之加剧，从而获得更大的能量。但也有人认为，这种解释有些似是而非，因为计算表明，木星的潮汐力应该使木卫一变成椭球形状——朝木星方向的半径应大12千米左右，但实际上它却很圆，各向半径差不超过100米。

更令人惊奇的是，木卫一表面虽然没有环形山，却有巨大的陡坎和峡谷，这种高出表面数百米的陡坎有的绵延数百千米，有的陡坎围成圆圈或半圆，有的像手的五指那样向四处伸开……木卫一上的峡谷令人费解：为何它没有被熔岩填满？

正是这些奇特的发现一度使得伊俄成为天文界光耀夺

目的灿烂明星。

可能存在生命的欧罗巴

伊俄的身后是木卫二欧罗巴，它同样也有一则动人的故事：欧罗巴原是腓尼基王国阿革诺耳国王的一位公主，不用说也是位极美丽动人的少女。这次宙斯变了手法，让自己化作一头模样可爱的小公牛去接近她，欧罗巴见后芳心大悦，情不自禁地骑上了牛背。可哪知牛突然使劲狂奔不已，载着公主越过了许多崇山峻岭和江湖大海，直到第二天夜晚才驻足。惊魂未定的公主知道早已远离家乡，怔怔发呆。这时，宙斯恢复了原形，并狂热地向她求爱。后来欧罗巴问他这儿是什么地方？爱神阿佛洛狄忒告诉她："你的名字是不朽的，就让你现在所处的大陆叫做欧罗巴吧。"——这也是今天欧洲之名的来历。

木卫二的半径为 1569 千米，质量 5.58×10^{22} 千克，是伽利略卫星中唯一比月球小的成员。原先天文学家对它都较冷淡，但"伽利略"飞船却使它身价百倍。根据伽利略飞船发回的许多近景照片，美国航空航天局官员丹尼尔·戈尔丁得出结论：木卫二厚厚的冰层下可能有"温暖的冰，甚至是液态水！"他说："木卫二上有存在一个液态海洋的可能。"不用细说，这当然是"我们太阳系中仅有的地外海洋"。

1996 年 12 月 19 日，"伽利略"飞船第二次光临木卫二，最近时离它仅 692 千米。从这次获得的资料已可看出，木卫二表面上确有浮冰在漂移，这充分说明巨冰之下应有液态的海洋！科学家们一向认为只要有了液态水、充足的热量和有机化合物，不管在哪儿，都有滋生出生命的可能。因此美国一位天文学家掩饰不住内心的喜悦说："木卫二上已有了符合生物学生存标准的条件。"

1997 年间，"伽利略"飞船又两次靠近这颗令人兴奋的木卫，而且间距又进一步缩短为 586 千米及 198 千米，因而科学家更加清楚地见到了大海的种种迹象。

资料表明，木卫二表面温度约为 $-145℃$，表面有一层薄薄的大气，大气之下是一片棕红色的大海，洋面相当浑浊，覆盖着厚 1 米多的冰层，也夹杂着许多巨大的冰山，它们往往绵延好几千米。洋面上间或有许多呈疱状的物体并且很可能含有镁。看到这样生动的情景，美国海洋生物学家德莱尼教授说，他和其他人一样，都一致认为冰层下面由于已经得到升温，可以为生物生存提供可能。更有人相信，在木卫二冰层之下"正像在地球上曾发生过的过程那样，某些沉积物会为生命提供所必需的物质"。因为木卫二上的海洋底部与地球上南极冰川下的沃斯托克湖有许多地方颇为相似，而后者已发现了有不少生命在活动着，那么木卫二的海洋里可能有一些简单的生命形态也将是不足为奇的事。

木卫二的生命问题使这颗最小的伽利略卫星身价陡增，叫人刮目相看。人们一度寄生命的厚望于火星，后来的热点又集中于土卫六，但当年"海盗号"探测对火星生命浇了一盆冷水，土卫六的生命希望也被"旅行者"扑灭。现在"伽利略"又让人看到了宇宙生命的曙光，当然就使木卫二备受青睐了。

人们钟情的大卫星

在希腊神话中，乌拉诺斯是第一个统治天国的君主。他与地母盖娅所生的一大群神灵中有好几个都是庞然大物，后人统称他们为巨神"泰坦"。"泰坦"都是模样十分可怕的怪物。例如有一个是圆目巨人，它躯体如山，力大无穷，一声怒吼会使地动山摇。它的脸上只有一只大圆眼，且长在鼻梁上方，其目光能使人不寒而栗。在克洛诺斯推翻乌拉诺斯的战斗中，巨神曾起了很大的作用。

1655 年，惠更斯发现了土星的第一颗卫星，现在称为"土卫六"。后来测定发现，这颗卫星很大。在"旅行者"探测前，人们公认它的半径达 2900 千米，是太阳系中最大的卫星，所以人们称它为"泰坦"。现在人们知道，它的浓厚的大气造成了测量误差。飞船近距测定表明它的半径是 2575 千米，所以它只得屈居木卫三之后了。尽管如此，它仍比水星"叔叔"的半经大 120 千米。它的密度与木卫三不相上下，大约为水的 1.9 倍，可知其质量约为 $1.36\times$ 10^{23} 千克（13600 亿亿吨），比木卫三小 9％左右。

"泰坦"也是卫星中的名角，长期以来一直受到人们的钟爱。它的轨道半径约为 120 万千米，相当于土星半径的 20 倍，大约 16 天绕土星转一圈。从地球上看，土卫六是一颗橘红色的小星，相当可爱。1944 年美国天文学家柯伊伯从它的光谱中确证了它有较密的大气层，这是人类第一次知道卫星有大气。在"火星人"的神话破灭后，不少人寄希望于土卫六，希望它的大气会产生"温室效应"，使那个小小的天体上能有较适宜的温度，从而成为生命的另一块绿洲。

20 世纪 40 年代时，人们以为土卫六大气的主要成分是甲烷与氢，但从"旅行者"飞船发回的资料来看，其大气中的主要成分是与我们一样的氮气，而氧极少，甲烷的含量为 1％～2％。土卫六的大气密度约是地球大气的 5 倍；它表面上的大气压相当于 1.5～3 个大气压（要知道自行车胎内打足气时的气压不到 2 个大气压）。有趣的是，在它的大气下面，压力和温度正好使甲烷处于三相共存的状态，即同时有气体（即俗称沼气中的主要成分）、液体及固体存在。

1998 年 1 月 14 日，重 350 千克的"惠更斯"探测器经过 173 分钟的艰难旅程终于投入了泰坦的怀抱，成为这颗大卫星的第一位贵客。仪器记下了土卫六的高层大气中有很强的扰动，发现了一个电离层及闪电现象。它降落时，先碰到的是一块坚硬的表面，随后侧着跌落到松软的表面上，陷下了约 1 厘米，估计那儿可能是退潮后的海滩——碳氢化合物构成的海。但从各处雷达反射的讯号不同可看出土卫六上的海洋并没有覆盖全球。

最近已观测到土卫六的南极地带有一处很像湖泊的地貌。NASA 下属的喷气推进实验室的科学家说，这很可能就是土卫六表面的甲烷湖泊之一。这处地貌长约 234 千米，宽度近 73 千米，大小相当于美国和加拿大边界处的安大略湖。在"卡西尼"飞船拍摄的照片上，它看起来是一个边界平滑蜿蜒的暗斑，周围是浅色的土卫六云层。

黝黑的天王卫

土星卫星表面大多都有亮闪闪的白色区域，它们实际上是一群"冰卫星"。与此相反，天王星卫星上几乎见不到这种亮区。所有天卫都异常黝黑，反射率与煤炭几乎不相上下，所以不妨把这些由太阳系中最暗物质组成的天卫称为"黑人小朋友"。飞船探测使天卫数目已增加了好几倍，达到了 27 颗。这些"新伙伴"都是离天王星更近的小不点。1997 年美国天文学家又发现了 2 颗新的天卫，其半径分别为 40 千米和 80 千米。但"旅行者"飞船对它们还无暇细顾，所以有关它们的资料十分匮乏，连名字也只能权且以临时编号代替。

"旅行者"2 号发现的 10 颗天卫

卫星名 （代号）	轨道半长径 a （10^3 千米）	直径 （千米）	卫星名 （代号）	轨道半长径 a （10^3 千米）	直径 （千米）
1985U1	85.892	130	1986U5	75.10	50
1986U1	66.090	90	1986U6	62.70	50
1986U2	64.35	70	1986U7	49.30	15
1986U3	61.75	70	1986U8	53.30	20
1986U4	69.92	50	1986U9	59.10	50

因受各种条件的制约，"旅行者"飞船仅对天卫五进行了较详尽的探测。结果表明，它像一盘稀奇古怪的大杂烩：既有似火星上的山谷和分层沉积物的地貌特征，又有木卫三上的槽沟地形，有些地方又现出水星上所具有的明显的挤压断层结构形成的陡峭的峡谷。在它不到 74 万平方千米（与巴基斯坦面积相仿）的表面上，散布着几百个大小不等、高低不同的环形山，最高的一座山峰高达 24 千米，几乎是珠穆朗玛峰的 3 倍。除了陡峭深邃的峡谷外，还有一些其他卫星上见不到的"人"字形峡谷。在一个宽阔地段内则有许多狭长的隆起部分，看上去就像套在许多卵形环上的编成鞭的绳子。在另外一个地段则似乎刚刚做过大扫除，地面显得十分干净，仅有少许的碎石片稀稀落落地躺在那儿……所以美国一位天文学家说它是"最有趣的

卫星"。

天卫一的地貌相当年轻，似乎在不久前（当然是几十万年、几百万年前的"不久"）曾发生过局部的断裂，从内部流出来的物质淹没了一些小环形山。天卫二比天卫一暗 1 倍多，是原先的五颗天卫中最暗的一颗。它上面的环形山都很高大，其中有一个大环形山里有一圈浅色的物质，在漆黑的背景上

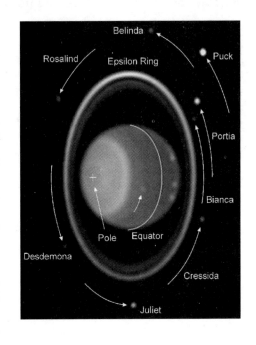

相当醒目，也显得格外神秘。天卫三的环形山为数不少，但却没有大个的。最大的天卫四则拥有大量的大环形山，其中有一座直径达几百千米，高达 20 千米，相当于 13 座泰山的高度，实在雄伟之极！

天卫还有一个共同的特点，就是其上环形山的山脚下常被一层很黑的物质覆盖着。分析表明，这种黑色物质的主要成分是含有炭黑的有机化合物。这些乌黑的东西从何而来？有人曾推测它们是天王星上喷出来的物质，落到了卫星上，但现在看来，这种看法缺少依据。很可能这是甲烷（天王星及其卫星上很多）在低温条件下受到天王星磁层中的高速粒子撞击后起了复杂的化学反应，从而转化成了黑色的有机化合物。

天卫的平均密度在 1260～1650 千克/米³ 之间，仅是水

的 1.26～1.65 倍，所以说它们是冰和岩石混合物的观点是比较切合实际的。但是，这种"冰"并不是普通水结成的晶莹可爱的冰，而是由甲烷、氨等凝固成的固体物质，因此看起来相当黝黑。

最奇特的海卫一

1989 年 8 月，"隐居"了 3 年多的"旅行者"2 号终于又发出了激动人心的信号，它按时抵达了距我们 43 亿千米的海王星区域。"旅行者"2 号不仅使人们对海王星的认识"大开眼界"，而且也使它周围的海卫世界顿时热闹起来。

这一次"旅行者"2 号发现的新海卫从外向内暂以 1989N1、1989N2……1989N6 相称，但实际上其中 1989N2 即是人们早在 1981 年从掩星观测中发现过的海卫三。1989N1 的直径约为 400 千米，但明显不是圆球体，从大小来讲，它是海卫中的亚军。从照片上还可看出，1989N1 表面上也有巨大的环形山和许多大小坑洞，这又一次表明陨星冲击是太阳系中的普遍现象。1989N2 的准确大小是 210 千米×190 千米，比当年掩星时测定的值大了一倍多。与 1989N1 一样，它表面也可见到众多直径在 30～50 千米的环形山。1989N3 与 1989N4 的直径分别为 140 千米及 160 千

米，它们分别与一个环相伴着。1989N5 与 1989N6 直径则只有 90 千米和 50 千米。除了 1989N6 轨道有 4.5°的倾角外，其余 5 颗卫星的轨道面都在海王星的赤道平面上。

"旅行者" 2 号对海卫探测最惊人的发现在海卫一身上。见了这些新奇的照片和资料，甚至是平素最不会动情的科学家们也怦然心动。

海卫一的半径比月球还小 300 多千米，但它的"身价"很高。因为它的轨道虽是真正的圆形，但方向却是与众不同的逆向，如此大的卫星"背道而驰"是独一无二的。它是太阳系中最寒冷的天体。资料表明，它的表面平均温度低达-240℃！海卫一虽然冷得难以想象，但它与其他卫星上总是死气沉沉的景色迥然不同。它"天"上不时下着纷纷扬扬的大雪，"地"上则有火山在猛烈爆发，这些冰火山喷出的是白色的冰雪团块和黄色的冰氮颗粒。由于海卫一上引力不大，这种喷发物可冲上 32 千米的高空，差不多比珠穆朗玛峰还高 3 倍！

对海卫一的进一步研究更使许多科学家如坠五里雾中。很多资料叫人不得不怀疑这颗卫星的真实身份，因为除了它不绕太阳（而是绕海王星）公转外，行星的其他一些特征海卫一几乎应有尽有。

第一，海卫一上有磁场。至今还没有发现其他卫星有磁场。卫星之冠木卫三虽然比水星还大，可上面也没有磁场。所以过去人们认为磁场是行星最重要的特征之一，如今这个标准就成了问题。第二，海卫一上也有一层大气，其主要成分是氮，延伸 800 千米厚，其次是微量的甲烷气。但总的来说，它的大气还是比较稀薄的。第三，它具有行星型的地形与内

部结构——表面上有广阔的盆地，有被流体冲刷过的平坦的平原，有被陨星撞击过的痕迹，还有类似经过"地震"活动造成的起伏不平的小块土地，有曲折绵延的山脉，至少还有三座活动的"冰火山"，甚至还有由冰冻的甲烷组成的岛屿……整个海卫一像大理石那样色彩斑斓。它在赤道附近呈现粉红色，上方还有一条蓝色的环带。更不可思议的是，海卫一的大气中还发现了通常只有地球上城市上空才具有的"光化烟雾"……

　　凡此种种，使美国航空航天局的科学家不由得惊呼起来："海卫一是我们所见到的太阳系中最奇特的星球！"

　　现在，许多天文学家对它到底姓"卫"还是姓"行"提出了质疑！有人甚至认为海卫一原是绕太阳运转的真正的行星，只是后来一个偶然的机会跑到了海王星附近，被海王星的引力抓住，成了它的"俘虏"。如果真如此，或许能更方便地说明海卫一的特立独行——逆行问题。

　　但是，如果真是这样的话，其他问题又会接踵而来：

它原来的轨道在哪儿？提丢斯—波得定则是否还能成立？

├ 披头散发的星——彗星

和谐的宇宙是那么宁静、美丽，神奇的星空是如此灿烂、玄妙：红日天天东升西落，明月常常阴晴圆缺，银汉隐显，斗转星移，它们秩序井然、"纪律"严明，谁也不会"越位"或托故"告假"。

可是，天空中也有不听话的"顽童"——彗星。它们来无影，去无踪，身影变化之大之快常叫人大吃一惊。它们的恶作剧有时竟使天文学家窘迫不已。1973年，捷克天文学家科胡特克曾预言他发现的那颗彗星（临时编号1973f，后命名为科胡特克彗星）将在当年年底前经过近日点，那时它将拖着长长的尾巴，亮度可达-10等，成为冬夜星空中最壮观的景象。

为了一睹这"20世纪最壮观"的大彗星的风采，在圣诞节前夜，科胡特克本人及1600名兴致勃勃的游客不顾冬夜的严寒登上了豪华的"伊丽莎白"游轮，准备到大海中饱赏难得的奇景。可是，夜空如旧，人们什么也没见到，"圣诞大餐"成了空心汤圆。在游客的诘询之下，科胡特克几乎无地自容……事后从空间探测得知，这颗彗星并未爽约，只是这次一反常态，没有正常地"发育"壮大。据算，它比原先预告的亮度暗了6万多倍，而其中的原因人们至今还没弄清楚。

事隔35年后又出现了相反的例子：2007年10月24日荷玛彗星（新编号为17P）突然发威，从肉眼看不见的17等增亮到2.5等，亮度猛增3100万倍！天文学家无不对此感到惊讶无比。

专门惹是生非的不速客

彗星，我国民间俗称"扫帚星"，它与点点繁星几乎没有共同之处。起初，它像一团边缘模糊的棉絮球，随着与太阳、地球不断靠近而渐渐长出又长又大的"尾巴"。它那奇特的形态、来去不定的行踪常使古人感到莫大的恐惧。几千年来，彗星导演了不知多少幕人间闹剧。

公元 837 年哈雷彗星出现于天空时，一个法国天文学家写道："在复活节的圣日里，一个时常是大祸预兆的现象出现了。路易一世皇帝见到这颗彗星，一下子便失去了平静……尽管他依照大主教的吩咐虔诚地祈祷，大修教堂，可 3 年后他还是死了。"

1528 年，天空中又出现了一颗大彗星。一位外科医生记述了当时的混乱："它（大彗星）使人们如此恐惧，以致有人病倒，有人惊死。成百人看见它都觉得它的颜色是血红的，形状是长长的。在顶端，还能见到一只握着重剑的大手，剑刃上镶着三颗亮闪闪的星。宝剑正在刺下。在彗星光芒的周围还有许多战钺、匕首和血淋淋的短剑，中间还有许多令人恐怖的人头……"

1680 年，"……一颗从未见过的大彗星①！科学院的学者们日夜操心，城里的人都很害怕，以为又是一次洪水的预兆……胆小的人以为世界末日降临了，他们急忙写下遗嘱，把他们的财产捐给修道院及僧侣。"

不管是富豪大户的丰厚贡品还是贫困农民的最后一枚银元，那些上帝的"仆人"总是来者不拒，照单全收。他们鼓吹着弥天大谎，也有充分的退路。因为偌大一个世界，总可找到一些不幸的事件：君王的驾崩，某地的自然灾害

---

① 那颗彗星（1680I）是迄今所知最亮的大彗星，最亮时的亮度超过了中秋明月 100 倍！有位神学家预言它将于 2926 年 12 月 2 日归来，会引起山崩、地震、洪水、烈火，把地球毁灭。但根据计算，它的周期长达 8800 年，下次回来已是公元 10000 年以后的事了。

（旱涝、风暴、火山、地震），或者邻国的一场战争都可以作为彗星的应验。如果一时连这些灾难也未发生，一切安然无恙（这是很少见的），他们也有很好的遁词：因为万众悔罪的泪水加上丰腴的供物已使盛怒的神灵平息了下来，他们已劝说"主把剑插入了鞘内"。

直到 1910 年，新西兰的毛利人还以为英王爱德华七世之死是由哈雷彗星引起的。他们向这位君王致哀时说："去吧，我们的君王……回到您那祖先所在的天堂去吧……哈雷彗星是熠熠生辉的天梯，沿着它，您可登上高高的第十重天。"

在几千年的历史长河中，当然也不乏有识之士。例如古迦勒底人就已正确地认识到彗星是每隔一定时间会重复出现的天体。我国早在 4000 年前就有人在研究它了。著名的马王堆古墓的出土文物中就画有一幅极其珍贵的古彗星图。到晋代（317 — 420）时，我国天文学家就已知道了彗星发光、彗尾指向的奥秘。《晋书·天文志》写道："彗体无光，傅日而为光，故夕见则东指，晨见则西指，在日南北，皆随日光而指。"

也有不怕彗星"惩罚"的君王。1644 年，当一颗彗星在星空中蹒跚而行时，葡萄牙国王阿尔方斯六世怒气冲天，跑到阳台上，拔出手枪，一边百般咒骂这颗扰乱了民众安宁的怪星，一边向那位不速之客频频射击不止……

1456 年，身处贝尔格莱德城的教皇卡里克斯特三世在强大的土耳其兵临城下，危在旦夕之时巧妙地利用突然出现在天庭的哈雷彗星号召一切基督教徒增强必胜的信念。他指着天上那颗"银光闪闪、烈焰腾腾、长尾如龙"的大彗星，慷慨激昂地说道：大彗星的彗尾犹如一把长剑，现在刺向了月亮，并使月亮黯然失色，这是上苍暗示信奉伊斯兰教的侵略者已经大祸临头了。果然，围城者见到彗星后惶恐不安，所向披靡的土耳其大军竟然不战自乱，仓促离去……真是一颗彗星胜过十万精兵。

拿破仑见到 1811 年出现的那颗极其壮观的大彗星后不仅没有畏惧和恐慌，反而兴致勃勃地向他的部下说："它将是我们征服俄罗斯的预兆。"当然，这同样是无稽之谈。1812 年拿破仑攻占了莫斯科，可最终还是丢盔弃甲、溃不成军，差点儿做了俄国人的俘虏。彗星不会帮助侵略者。同是这颗大彗星，却让葡萄牙的一些酿酒商交了好运。他们把那年酿制出来的一种葡萄酒称作"彗星酒"，并且为此大做广告，声称这种酒得益于彗星的"灵气"，味道尤其香醇鲜美。一时人们争相购买，这些商人发了财。

顺便说一下，1811 年出现的那颗彗星创造了在天空中逗留时间最长的纪录。它出现于该年 3 月 26 日，直到次年 8 月 17 日才隐去，历时近一年半。该彗星的彗尾最长时达 1.8 亿千米，超过了日地间的距离。彗尾最宽时为 2300 万千米。壮观场面可想而知。

千年沉冤一朝雪

长期以来，西方天文学家一直把彗星拒之门外。因此欧洲古代的彗星记录少得可怜，而且大多出自历史学家、文学家，甚至占星家之手。造成这种现象的原因之一是人们长期迷信亚里士多德的错误观点。

亚里士多德是"古典世界中最博学的人"，"古代知识集大成者"。在他逝世（公元前 322 年）后的好几百年时间内，从没有一个学者的知识能达到他那样高深广博的程度。直到中世纪早期，欧洲的学术界还公认他们所研究的目的就是要从残留下来的亚里士多德的著作片断中去理解和揣摩他的本意，吸收、消化他的研究成果。

这种"迷信"真是害人不浅！要知道智者也有谬误时。在彗星问题上，亚里士多德实在应归入"一无所知"的行列。他认为彗星不是天体，而是地球大气中的一种燃烧现象，也是某些灾难性气候的先兆，具有很大的危险性和灾难性。

彗星不是天体，而是地球大气中的一种燃烧现象。

亚里士多德强加在彗星头上的"不实之词"使它蒙冤了 1900 年。甚至像哥白尼这样伟大的天文学家也受到其影响，认为"希腊人所谓的彗星诞生在高层大气"。这种谬误直到"星学之王"第谷时才得以纠正。

1577 年，丹麦天文学家第谷刚届而立之年。不久前丹麦国王刚聘他为皇家天文学家。为了不辜负国王的赏识和重用，第谷决心要做出成绩来。正好，一颗大彗星出现了，第谷对它进行了认真细致的观测。令人欣喜的是，在第谷住处以南 400 千米的布拉格恰好也有人留下了彗星的有关记录。第谷立即着手对两处资料进行了研究和分析。他进一步算出，这颗彗星当时离地球的距离应在 100 万千米以上[①]。这是比月球还远得多的天体，难道还不值得天文学家去研究吗？

真正使彗星变为天文学家座上宾的是英国天文学家哈雷。哈雷的父亲是个富有的肥皂商。他本人自小聪颖过人，17 岁时便进入了最高学府——牛津大学皇后学院，20 岁时就带着仪器漂洋过海来到南半球的圣赫勒拿岛（即后来拿破仑被放逐并了结残生的那个小岛）作了一年的天文观测，绘出了世界上第一幅精度很高的南天星图，因而被人誉为"南天第谷"。

使哈雷名垂史册的是他对彗星的开拓性的研究。1680 年他访问巴黎天文台时，天上出现了大彗星。彗星的壮丽景象给他留下了深刻印象。两年之后，他新婚不久，天上又来了一颗明亮的大彗星，这使他萌发了研究彗星的心思。1695 年，他开始集中精力专心研究彗星的轨道问题。他精

---

① 100 万千米的结果本身并不准确。根据现在所知，最近的彗星记录是 1770 年出现的勒克赛彗星，该年 7 月 1 日，它曾跑到离地球 240 万千米的最近处。

心挑选出 24 颗彗星作为重点研究对象。

这项研究耗费了这位才华横溢的天文学家整整 10 年时间。1705 年，他的《彗星天文学论说》问世。从此，天文学家掌握了研究彗星的科学方法。值得一提的是，他在研究中发现有些彗星的轨道非常相似，于是他在书中写道，很多事"使我不得不想起，阿皮昂 1531 年观测到的那颗彗星与开普勒、龙格蒙丹所描述的 1607 年的彗星可能是同一颗，与我自己 1682 年观测的那颗也很像。它们的轨道要素几乎完全一致，只有周期不等……"。然而与七十几年相比，1 年的误差也不过 1.3%，何况这本身还可以从木星、土星等大行星上找些"客观原因"来解释。由此哈雷设想，这 3 颗酷似的彗星会不会是同一颗彗星的 3 次回归呢？他以 75～76 年周期继续向前追索，果然发现 1456 年、1378 年、1301 年、1145 年、1066 年都有大彗星的史料记载。一切疑问都扫光了！他果断地在书中预言：1682 年引起人们惊恐的大彗星将于 1758 年再次出现于天空。他在预言后

还诙谐地加上一笔："如果彗星最终依据我们的预言大约在 1758 年再现，公正的后代将不会忘记感谢这首先是由一个英国人发现的……"

后来的事实完全应验了他的预言，这颗彗星也被命名为"哈雷彗星"。

3 颗彗星的轨道何其相似

	过近日点时刻	升交点黄经（度）	近日点黄经（度）	轨道倾角 *（度）	近日点距离（天文单位）
1531 年彗星	1531 年 8 月 24 日	49	301	18	0.57
1607 年彗星	1607 年 10 月 16 日	50	302	17	0.59
1682 年彗星	1682 年 9 月 4 日	51	303	18	0.58

* 当时对轨道倾角定义不太严格，实际上逆向时应改为 162°、163°、162°。

无根的"浮萍"

有首乐府诗曰："泛泛绿池，中有浮萍，寄身流波，随风靡倾。"浮萍不扎根于泥土，只能随波逐流，漂泊不定。而彗星就像太阳系中的浮萍，叫人无从预测它的行踪。俄国著名诗人普希金就说过："所有星星都可计算，唯独这不守规矩的彗星……"尽管哈雷已经开创了先例，尽管现在人们的"目力"已可深及 150 亿光年的宇宙边缘，可以探讨 100 多亿年前"洪荒"时期的各种变化，但彗星依然神秘莫测。

什么原因？因为彗星没有行星那么有"教养"。行星的

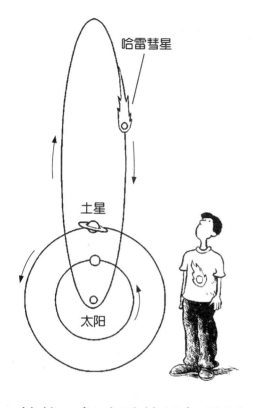

哈雷彗星

土星

太阳

轨道都在黄道面附近，但彗星却不然，它们的轨道倾角（i）可以为 $0°\sim180°$ 间的任何值。我们知道当 $i<90°$ 时，轨道是顺行的，即顺行彗星的运动方向与行星公转方向大致相同，但当 $i>90°$ 时，轨道就变成逆行的了。例如，大名鼎鼎的哈雷彗星的轨道倾角 i 约为 $162°$，所以不少书本描绘哈雷彗星在太阳系运行的轨道时，八大行星绕太阳转动的方向都是逆时针的，但哈雷彗星却是顺时针的。因此，历史上哈雷彗星出现的区域远远不止在黄道附近。公元前 613 年它就出现在大熊座——我国史书《春秋》上有明确记载："秋七月，有星孛入于北斗。"而 1986 年 4 月间，哈雷彗星跑到了南半天球上的矩尺座和豺狼座，在赤纬-47°以南。

彗星让人无法捉摸的第二个原因是它们的轨道形状各不相同，有椭圆形的（其中又有接近圆形及拉得很扁的），有抛物线的，还有双曲线的。后两种还是一条不封闭的曲线。在抛物线或双曲线轨道上运行的彗星很可能将一去不返。正因为如此，过去有不少人认为彗星并不是太阳系家族的成员，而只是偶然匆匆路过的"客人"。在数学中，这三类曲线可统一称为圆锥曲线，因为都可看做是从一个圆锥面上截出来的曲线。而从轨道要素来讲，也只是轨道半长径 a 和偏心率 e 略有不同而已。

三种不同曲线的 a、e 值

	椭　圆	抛物线	双曲线
偏心率 e 半长径 a	<1 有限数	$=1$ 无限大	>1 <0

根据对已知轨道的 1000 多颗彗星的统计，拥有椭圆轨道的只占 30.1％，即不到 1/3，而且这 1/3 中只有一小部分是短周期（小于 200 年）彗星，大多数的轨道扁得简直与抛物线差不多，或者说 e 接近于 1。这意味着绝大多数彗星与太阳的距离有大起大落的变化。例如哈雷彗星的 $e=0.967$，它的远日距就比近日距远将近 60 倍之多。还有一些彗星，这两个距离可差几万倍。正是这种距离上的巨大差别使彗星的形态千变万化。在远离太阳时，它仅是几千米、几十千米大小的一块冰团，地球上的人根本无从察觉；即使偶尔见到，也只是与星云、星团难分彼此的朦胧小斑点。当它逐渐向太阳而来时，太阳的光和热使它急剧膨胀起来，体态迅速增大，到进入火星轨道范围以内时，它就会生长出令人一望而知的长尾来。

天体的轨道并不如我们地上的铁路，尽管它可以画出来，但在宇宙中并不存在如铁轨那样的实体。用科学的术语来讲，天体的轨道是它们在空间已经通过和将要通过的路径。现在我们对太阳系中八大行星的轨道已经了如指掌，它们的轨道根数可以写到小数点后很多位，但对于彗星轨道却无法搞得很准。因为天文学家通常是通过若干次（至少 3 次）观测的位置来计算轨道的，要想把轨道算准，这几个位置应当相差越远越好。对大行星可以这样做，可是对彗星则不行，因为远处的彗星人们根本看不见，所以作为计算依据的几个点常常都在近日点附近，这样定出的轨道就必然会有很大的误差。例如历史上著名的 1680 年出现的那颗大彗星，不同科学家算出的轨道相差很大：著名数学家欧拉得出的 a 为 30.7 天文单位，与海王星差不多。英国天文学家哈雷算得的轨道周期是 575 年，相应的轨道半长径为 69.2 天文单位，比前者大了 1 倍。德国天文学家恩克定出的 a 竟达 427 天文单位！甚至还有一些彗星的轨道是椭圆还是抛物线都让人捉摸不定呢。

彗星的位置捉摸不定还有一个重要原因，那就是它质量很小，而且要穿过许多大行星的轨道，任何"风吹草动"都会影响到它的行径。它们路途中若遇上大行星，尤其遇上像木星、土星这样的巨行星，就会"改弦易辙"，把轨道的类型都变了。可能把原来的抛物线轨道变成不大的椭圆轨道；也可能好端端的椭圆轨道由于大行星的"拉拉扯扯"变成了不封闭的曲线，从此一去不返。

喜剧发人深省

哈雷的研究表明，彗星也服从牛顿万有引力定律，也有明确的轨道，而且大多数彗星的轨道与地球轨道互相交叉。这样，又一个可怕的念头叫人坐卧不安：彗星会不会撞毁地球?! 当年法国科学家布丰就想到彗星撞上了太阳引起了"大灾变"，如果撞在地球上，岂非又是一场浩劫！

1773年，"彗星将与地球相撞"的惊人消息几乎使法国举国不宁。天文学家拉朗达已在法国科学院作了"秘密报告"，说有颗彗星将在5月20日接近或撞上地球！另一位还以权威的口吻发出警告："上帝当年创造人的时候便预知人将来一定会犯罪。因而在它当初创造天地万物时早就预备了一种替他执行惩罚的工具，以在人类恶贯满盈时把他们毁灭……彗星从后面追上地球，迫使地球轨道发生改变，于是地球越来越靠近太阳，变成一片火的世界……最后，彗星猛撞地球，使地球也变成了轨道异常扁长椭圆的彗星。"

消息传出，一片哗然，教堂门口挤满了要求忏悔的人群，生产几乎停顿，社会秩序混乱不堪。对于这情景，伏尔泰曾作了描述："巴黎人告诉我，世界末日临近了，他们等待着这一天——今年5月20日，彗星将突然从背后把我们地球翻个身，把它撞得粉碎……再也没有比这更确凿无疑的了，因为伯努利在他的《彗星的研究》一书中早已作了预言：1680 年出现的那颗大彗星将于 1719 年回来扰乱地球。纵然伯努利在预言世

界末日时犯了错误，也不过差了 54 年又 3 天而已。所以现在有识之士都在规劝人们等待着 1773 年 5 月 20 日的末日到来……"后来，路易皇帝不得不专门下诏让天文学家来平息这个恼人的风波。

半个世纪后，1827 年又有人发出了警告，说有一颗"比拉彗星"在过近日点前将穿过地球轨道平面，并在 1832 年 10 月 29 日上半夜撞上地球！于是，"比拉彗星将同地球同归于尽""还有××天！"倒计时之类的消息又闹得鸡犬不宁。

事实如何呢？头脑比较清醒的天文学家奥尔佩斯重新核实了这则计算，发现所算的轨道无懈可击，可是 10 月 29 日那天，地球离彗星穿过的那一"点"尚有 8000 万千米。按地球公转的速度（29.8 千米/秒）计算，地球赶到那里时已是 11 月 30 日的凌晨，而那时比拉彗星已跑到了太阳的身旁，与地球相距已达 1 亿千米。此后，1857 年、

1872 年又出现了类似的新闻，什么"查理五世彗星"将于 1857 年 6 月 13 日撞上地球，什么"1872 年 8 月 12 日彗星将屠杀一切生灵"……真是"世上本无事，庸人自扰之"。

直到 20 世纪还发生过这种风波。1910 年哈雷彗星又将回归了。天文学家发现，在 5 月间，地球与彗星迎面而行，到 5 月 18 日夜，二者相距不过 2400 万千米，而彗星的长尾至少在 4000～5000 万千米以上。显然，这次"扫帚星"要把地球横扫一下了。那时人们认为彗尾中的物质都是剧毒的化合物，如氰化物、一氧化碳……于是，歇斯底里的叫声又响了起来："真正的末日来临了！""一切生灵在劫难逃！"……随着彗星在星空中越来越亮，明亮的彗尾越来越长，恐怖的气氛也日浓一日。一些人在惊慌中提前结束了自己的生命，更多的人则尽情挥霍，以赶在"世界末日"前享受个够。在 5 月 18 日，更有许多人烂醉街头，不省人事。而商人则时刻不忘赚钱，有的研究出了可以防止中毒的"反彗星丸"，有的抛出了"彗星口罩"，一时间生意兴隆，购者甚众。

结果那一夜平静地过去了，人们一觉醒来，看到鸟儿照样在欢叫，鱼儿依旧在嬉游，阳光与往日一样灿烂，这时才不免大呼"上当"起来。

彗星擅唱"空城计"

在过去几个世纪中，彗星的"警报"曾不绝于耳，常常闹得不亦乐乎，有些天文学家把这种星空怪客比作"达摩克利斯之剑"。英国戏剧大师莎士比亚也说过："彗星来去，人命归天。"可说也奇怪，地球却一次次地"逃脱"了那些科学家预测的灾难。有人会问，人类化险为夷的奥秘在哪儿？

彗星会不会碰撞地球？从理论上说，完全可能。事实上，在过去几十亿年中，我们地球也确实经历了这种劫难，远的不说，20世纪初苏联通古斯地区发生过一次大爆炸，其"肇事者"至今尚无定论，但是多数天文学家倾向于认为是一颗彗星。

天文学家认真计算了彗星本体与地球碰撞的可能性，认为概率为平均8000万年一次。人类的历史才300万年，所以这种机会实在太少了。

再说，彗星并不像小行星，它不是"货真价实"的星，只是"色厉内荏"、腹中空空的庞然大物，对它实在不必太介意。根据多种方法测定，人们发现彗星的质量小得可怜，那些惹是生非、令人恐惧不已的大彗星其质量也只不过在几千亿吨左右（10^{14}千克），很少有超过几十亿亿吨（10^{20}千克）的，这仅是地球质量的几百亿分之一到几十万分之一。换句话说，我们如果把地球比作体重为5吨的大象，那么最大的彗星不过是一只50克的鸡蛋而已，而多数彗星只能比作一只只小小的蚂蚁。谁看见过一只蚂蚁把大象撞翻了呢？

彗星的主要部分是它小小的彗核。当进入火星轨道之后，彗核便迅速出现复杂的变化：彗核内的冻结物由于太阳的光和热而开始气化、蒸发，并且发出光来，在彗核周围形成一个雾状结构，这就是彗发。彗核和彗发组成了彗头。彗头就大得多了。彗核通常只有几百米到几千米的范围，很少超过 100 千米的，但是质量却占整个彗星质量的 99.9％以上。现在人们都相信彗核是一团含有尘埃碎块物质的冰冻气体团，通常喻之为"脏雪球"。

彗核的蒸发物——彗发的形状和大小，取决于彗核的质量和离太阳的距离。一些大彗星在接近太阳时彗头的直径可达几十万千米，可与太阳相当，有的甚至比太阳还大。

彗头后面长长的彗尾可看做被"太阳风"及太阳光的光压①赶出来的彗星物质。通常的彗星仅一条尾巴，但也有不少彗星同时有 2 条、3 条彗尾，

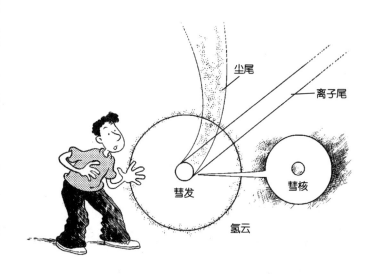

最多的曾出现过 6 条尾巴，那就是 1744 年的歇索彗星。那年 3 月 8 日和 9 日两天，在拂晓之前的东方地平线上出现了这颗大彗星的 6 条彗尾，宽达 44°，犹如一只开了屏的白孔雀，在淡淡朝霞的烘托下美不可言。但它的头部始终藏

---

① 光照在物体上也会产生压力。通常情况下，光压小得不用考虑，但若被照物体只有纳米大小时，光压会明显地把它们推开，成为一种斥力，俗称光压。

在地平线之下。也有个别小彗星始终没有尾巴，例如恩克彗星。这是一颗已至"晚年"的小彗星，人们只能用望远镜来与它会面，它早已毛发脱尽，始终只是一小团模糊的雾状斑点。它是继哈雷彗星之后第二颗按科学预言准时回来的彗星。

彗星的质量是那么小，而体态又是那么庞大，可想而知，它一定是在唱"空城计"。平均来说，彗星的密度比我们的空气还要稀 10 亿倍！即使彗头内的物质也比我们一般电灯泡中的"真空"还稀薄得多。不妨打个比喻，如取出一粒大米，把它碾成粉末，然后取出其中一百万分之一再进一步细磨（事实上已无法磨了）下去，并把它均匀撒在北京人民大会堂内——彗头的密度就与此差不多。天文学家还经常透过彗头看见后面的星星，连那些微弱的五六等星光度也未有任何减弱。

彗尾都很长，可以毫不夸张地说，它是太阳系中最长的天体，动辄就是几千万千米甚至上亿千米。已知最长的一条彗尾达 9 亿千米，足足可以在太阳和木星之间搭"桥"。彗尾的密度比彗头还要稀几亿倍。有人测得，它每立方厘米内只有几个分子。按这样稀的密度，即使从太阳到

地球建筑起一座长 1.5 亿千米的长城，长城的厚和高均为 10 米，那么整座长城的质量也只有百分之一克！稍短的尾巴可能"密"一些，但这种彗尾组成的长城大约也不过 1 克重。如有办法浓缩，把整个彗尾装在手提包内，一般人都可提着它轻松地行走。

正因为这样，即使彗尾内有些物质"有毒"，扫过地球也不必大惊小怪。事实上，哈雷彗星的尾巴确实在 1910 年扫过了地球，但它带来的"毒气"还不及人类汽车在一昼夜内排出的废气多，当然什么事也不会发生了。

鉴于过去命名不太严密，国际天文学会于 1995 年公布了新的彗星命名法——临时编号向小行星靠拢："年份加字母加数字"，规律同小行星。数字即次序，如 1995D3 就表示该彗星是 1995 年 2 月下半月中发现的第 3 颗彗星，这样又与小行星有明显区别。

当被完全确认后，它就会获得一个不再变更的永久编号，编号之后带一个特定的字母。字母之后再冠以发现者大名（限 2 个），例如大名鼎鼎的哈雷彗星就是"1P/哈雷"，而原先以为是小行星的（2060）喀戎，现为"95P/喀戎"。

彗星字母表示的意义

字　母	含　义	字　母	含　义
A	曾被误作彗星的小行星	P	周期彗星
C	非周期彗星	X	难以算得准确轨道
D	已经消失了的彗星	-A、B	破碎分裂后的碎块编号

第一批获得永久编号的彗星仅 115 颗，我国紫金山天文台发现的"紫金山"1、2 分别为 62P/紫金山及 60P/紫金山。而 1988 年 11 月 4 日发现的"葛-汪彗星"虽然也是短周期彗星，但大约它还很"年幼"，未能列入这 115 颗之内。

"细菌分裂"与"飞蛾扑火"

彗星形态奇特，变化多端，有关它的趣闻轶事很多。限于篇幅，只得百里挑一，献与读者。

1846 年新年伊始，阔别 13 年的比拉彗星终于回来了。比拉原是奥地利一个陆军军官的姓氏，因为他在 1826 年 3 月 9 日发现了这颗彗星而百世流芳。现在人们知道，早在他之前半个世纪前的 1772 年 3 月 8 日，它已被马赛天文台的看门工人（即发现过恩克彗星的老人）见到了。它的周期为 6.62 年。

这次人们对它尤为关切的原因是上次回归时（1839年）没有人见到它。这次，正当大家兴高采烈之时，奇迹发生了：1 月 13 日夜晚，这颗不太大的彗星在众目睽睽之下竟然像显微镜下的细菌那样分裂成了两块。开始时，分出的那块并不起眼，但几天后，它居然"发育成熟"，出现了新的彗头和彗尾。天上出现了比翼双飞的"姐妹彗星"。2 月 16 日，它们之间的距离已拉大到 24 万千米左右。

1852 年 9 月它们再次归来时，谁也分不清哪是本体、哪是分裂物了，这也是人们见到它们的最后一面。现在人

们相信比拉彗星早
已瓦解殆尽了。

彗星分裂的现象我国早已有记载。《新唐书·天文志》写道："乾三年（896年）十月，有客星三，一大二小，在虚、危间，乍合乍离，相随东行。状如斗，经三日而小星先没，其大星后没。"这则世界上最早的彗星分裂记录至今还有着非常重要的科学价值。

1965 年 9 月 19 日，日本东京天文台几乎同时收到了两份急电："19 日 4 时发现彗星，赤经 08 小时 45 分，赤纬 $-8°37'$，7 等星。池谷。""19 日 4 时 20 分，发现彗星，赤经 08 小时 45 分，赤纬 $-8°38'$，8 等星。关。"瞧，两份电报简直就像一个人起草的一样。实际上，池谷在本州的静冈县，关却在 400 千米外四国岛上的高知市。前者是乐器厂的工人，后者是个普通的天文爱好者，彼此素昧平生，并不相识，但是一颗彗星将他们二人永久地连在一起了。有趣的是，这颗彗星对于他俩来说都是他们的第三个"战利品"。

东京天文台火速把消息通告了有关国际组织。24 小时后，新彗星得到了澳大利亚一个天文台的证实，于是，它取得了一个临时性编号："池谷-关 1965f"（1965 年发现的第七颗彗星）。不久美国人公布了它的轨道，正式命名为

"1965 Ⅷ"（该年第八个过近日点的彗星）。

这颗彗星的轨道非同一般：它的近日距极小，离太阳表面仅 46 万千米，相当于 $0.66R_\odot$。这表明在同年 10 月 2 日 9 时，这颗彗星将以 480 千米/秒的高速穿过温度高达百万度的日冕层。一个冰冻的"脏雪球"要通过 100 万千米的"火焰山"，简直令人不可思议。然而池谷-关彗星居然经受住了"考验"，好似太上老君八卦炉中的孙猴子，安然无恙地绕过了太阳。

池谷-关彗星还是 20 世纪出现的最大彗星之一。它后来变得十分明亮。在 10 月中下旬时，它的亮度达到了 -11 等，使月亮黯然失色。在最亮的几天，人们在白天也可见到它那明亮的光柱，因而被称为"神话般的大彗星"。

池谷-关彗星的运行情况使人想起了"飞蛾扑火"的成语。彗星就像勇敢的飞蛾，在烈焰中飞腾。天文学上把这类彗星称为掠日彗星或克罗以茨彗星群。它们的共同特点是轨道极其扁长，近日点就在太阳表面上空，穿越日面时的速度在每秒 400 千米以上，所以"动作"十分惊险。人们所知的最早的一颗掠日彗星是"1680Ⅰ"，当年它以每秒 530 千米的极高速度在日面上空 23 万千米处掠过。以这样巨大的速度，只要 75 秒钟就可绕地球一圈了。

到 1970 年为止，人们已知的掠日彗星还有 1843Ⅰ、1880Ⅰ、1882Ⅱ、1887Ⅰ、1945Ⅶ、1963Ⅴ（派列拉彗星）及 1970Ⅵ，连同上面的 2 颗，共为 9 颗。它们大都很明亮。如 1843Ⅰ也亮到白天可见的程度，法国人把它形容为"高炉射出的火流"。

还有些掠日彗星的近日点在太阳的半径之内,这时就会发生真正的天体相撞事件。例如,美国 1979 年发射的人造卫星 P78-1,8 月 30 日便目睹了 1979Ⅺ彗星被太阳吞没的"悲剧"。大约一年半之后,1981 年 1 月 27 日,它又记录到一颗彗星坠入太阳。同年 7 月 20 日,又有一颗掠日彗星奔向太阳——虽未相撞,但却被太阳的高温熔化殆尽。

掠日彗星还要面临一个致命的危险,那就是被太阳巨大的潮汐力破坏。这种力与距离的三次方成反比。许多掠日彗星因此土崩瓦解。例如,池谷-关彗星虽然经受住了高温的考验,但在过近日点后却分裂了——11 月 4 日,人们见到它已裂成三块。

万年不遇的"彗星列车"

1994 年最轰动世界的莫过于"苏梅克-列维彗星"与木星相撞了。这列拖有 21 节"车厢"的"彗星列车",从 7 月 17 日 20 时 15 分(北京时间 18 日 4 时 15 分)到 22 日 8 时的一星期内,不断地对这颗太阳系内最大的行星施行了"轮番轰炸"。由于是彗核撞击,所以非同小可,释放的能量相当于广岛原子弹的 40 亿倍!

这样的彗星列车是天文史上绝无仅有的,而如此规模的彗木相撞也是空前的,是多少万年也难得遇上的宇宙奇观。

这颗彗星的发现者之一中学教师卡罗琳·苏梅克是裴

声世界的"彗星老太太"。1992 年 3 月，她发现的彗星已达 27 颗，刷新了以前"彗星猎手"26 颗的世界纪录。仅 1991 年她就有 9 颗彗星入账，这也是一项"吉尼斯世界纪录"。如今她的"猎物"已达 32 颗。她的丈夫尤金·苏梅克则是地道的天文学家，不仅在彗星发现上也有骄人的业绩，而且对于陨石坑的研究更有许多独创的见解，被人们认为是"无可置疑的行星科学的奠基人"。二人自 1951 年喜结连理后一直感情笃深、相敬如宾。这对贤伉俪几乎每个月都要驱车 800 千米从亚利桑那的家中赶到帕洛玛山，去做他们每月一次的、心旷神怡的"星海漫游"。

令人扼腕的是，1997 年 7 月 18 日，他们驾驶的汽车在公路上与另一辆轿车迎面相撞，苏梅克先生惨遭不测，夫人卡罗琳也身受重伤。1998 年美国发射的"月球探测者"把这位 69 岁的天文学家的部分骨灰（1 盎司，约 28.3 克）带上了天，让他在月面上获得永生。

1993 年 3 月 23 日至 24 日的夜晚，他们拍到了一张从未见过的奇特照片。卡罗琳后来回忆说，那照片上的像"好像

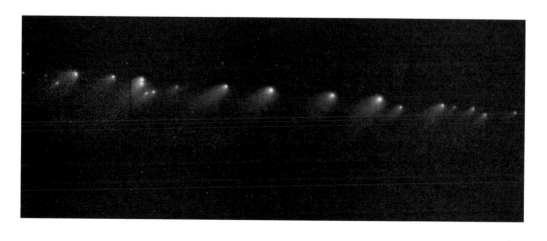

是一颗被压碎了的彗星"。这个"星"太奇怪了，是从来没有见过的一长条。消息很快传开，其他天文学家证实他们发现的确实是一颗彗星——只是已分裂成了 20 多个碎块，它们整齐地排成一列，前后相隔 16 万千米（在照相底片上，只相当于 1′大小）。

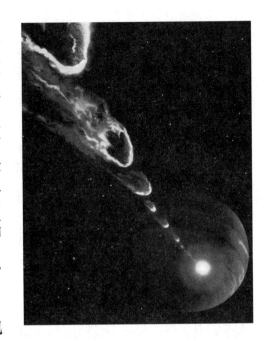

对此奇异的"猎物"，他们没有激动一阵就算了，而是继续跟踪追击，于是他们得出了更令世界大吃一惊的结论：这辆彗星列车已经改道，它已不再绕太阳"团团转"，而变成了绕木星运行。并且，它将于 1994 年 7 月撞上木星表面！当 5 月 25 日苏梅克在美国地球物理学会年会上宣读有关论文时，所有与会的科学家一下轰动了——人类从未目睹过彗星（核）与行星的相"吻"。

后来人们追寻它的"家世"时发现，它原先也是彗星世界的普通一员，是一颗周期 20 年的短周期彗星。可在 1992 年 7 月经过木星区域时，木星的强大引力使它改弦易辙。7 月 8 日它离木星表面只有 4.3 万千米（仅是木星半径的 3/5），被木星的潮汐力撕得四分五裂，成了宇宙间的万古奇观，变成了一列"彗星列车"！

"苏梅克-列维彗星"将撞击木星的消息轰动了世界，

有人惊喜，有人担忧，世界上几乎所有天文台的所有望远镜都对准了这个 6 亿多千米外的"行星大哥"——我国天文界以此为课题的研究项目也有 21 项之多。事后科学界众口一词地把此评选为"1994 年世界十大科技新闻之一"。

天文学家的计算真是分秒不差，它的第一节"车厢" A 按时撞在大红斑的东南方（南纬 44°地区），这块碎片并不太大，估计在 0.5～1 千米之间，但速度高达 60 千米每秒，是地球上普通火车速度的 1800 倍！所以这一击产生了一个直径达 1900 千米的大火球和冲上 1000 千米高空的蘑菇云，相当于 1000 万颗广岛原子弹的巨大能量，产生了 30000℃（比太阳表面温度高 4 倍）的高温，后来在木星表面上留下的黑黑疤痕直径达 10000 多千米，与地球大小相差无几。

最厉害的一击是 7 月 18 日的 G 块一"吻"，其爆发的能量比 A 块大 30 倍，如此威力连天文学家也深感意外。它所发出的红外线之强竟使一些红外望远镜不胜负担，凯克望远镜只得赶紧把 2/3 的镜面遮了起来。

虽然 21 次撞击大多发生在地球上见不到的木星的外侧半球上，得等几个小时它转过身来后才可见到余迹，但也有几次撞击发生时正好面对地球，每次的壮观场面都给天文学家留下了极为深刻的印象。

值得庆幸的是，早在太空中的"哈勃"望远镜和美国 1989 年发射的"伽利略"探测器（当时它已驶到离木星 1.5 亿千米处）都获得了更为清晰和详尽的资料。

苏梅克-列维彗星消失了，但它却给人留下了更多的思考，尤其为人类研究木星提供了极为难得的线索，使人们深化了对木星的认识。

细说哈雷彗星

在已知的 1000 多颗彗星中，恐怕再也找不到第二颗像哈雷彗星那样与人结下深情厚谊的彗星了。在几千年的历史长河中，哈雷彗星每次归来都为历史学家、天文学家留下了许多动人的故事或研究课题。

哈雷彗星备受人类偏爱的一个重要原因或许是它那不长不短的周期——76 年。这正好与当今人类的平均寿命相当。所以它简直可以作为一台以人生寿命为时间单

位的"彗星钟"。它每回归一次就意味着一代人的兴亡。像我国天文学家张钰哲那样能一生见到它两次的人委实太少了；相反，终身未见过它一面的人却大有人在。哈雷彗星与人生之巧合，莫过于美国著名作家马克·吐温了。这个充满幽默感的文学大师在临终前一年（1909 年）曾在给朋友的一封信上写道："1835 年，我伴随哈雷彗星来到人世，明年它将再次归来。我深切地期望能随它一起离开这个世界。否则，真是我这一生不幸之中的最大不幸了！"后来果然如他预料的那样，他在哈雷彗星 1910 年归来时逝世了。因而有人戏称他是"彗星带来的灵魂"。

现在，人们对哈雷彗星这个"老朋友"早已了如指掌，已把它的轨道根数测得十分精确。它的近日距只有 8800 万千米，但在轨道的另一侧时距离却在 53 亿千米以上，两者相差 60 倍。它绕太阳运行的速度在近日点附近高达 54 千米/秒，而在远日点时只有前者的 1/60，即 0.91 千米/秒。由此可见，在 76 年的生涯中，至少有 75 年以上，它过着离群索居的"隐士"生活，肉眼可见的时间不超过几个月。

人们不仅掌握了哈雷彗星的"脾气"，而且从上次 1910 年的回归中已经测得了它许多重要参数，如它的质量、自转周期，而且计算出在那次骇人的回归中，它像"天女散花"那样沿途抛掉了 $10^{11} \sim 10^{12}$ 千克（1 亿～10 亿吨）物质，这相当于从半径几千米的彗核上刨掉了 2 米厚的一层。太阳对彗星的这种"雁过拔毛"式的掠夺使彗星无法长期存在，所以它们实在是天体中的"短命鬼"。

　　人类对彗星的研究
已经有了良好的开端。
1986 年 2 月哈雷彗星再
度回归时，天文学家又
一次从它那儿打开缺口，
进一步扩大了战果。
1981 年 8 月，在它回归
前近 5 年，国际天文学

联合会就已着手组织建立"国际哈雷彗星监测"（IHW）组
织，以统一指挥、协调各国 1985 — 1986 年间的有关观测
事宜。

　　几乎所有国家都参加了这次国际联测。值得提出的是，
在这次联测中，除了专业天文工作者外，我国广大青少年
天文爱好者也十分活跃，他们专程赶到海南岛、广西等南
方地区进行了多项观测研究，获得了令人可喜的成果。

　　在国外，不少国家也把哈雷彗星当作贵宾来接待。例
如在美国纽约市，
市政府决定将某
一天定为了"哈
雷彗星之夜"。那
一天城市出现了
节日时的欢乐气
氛，在夜间的某
一时刻熄灭了所

有的街灯，让万民瞻仰它的风采。在英国，一家航空公司创办了"上飞机，看彗星"的特别游览项目。旅客在飞机上摆脱了地面灯光和烟雾的影响，在空中与彗星一起飞翔，有着别样的情趣。因此尽管哈雷彗星 1985 — 1986 年的回归是近千年中最黯然失色的一次，但还是赢得了广泛的关注。

IHW 组织协调的这次规模空前的国际联测中，还有一支令人刮目的生力军——航天器。肩负这次重要使命的共有 5 艘飞船：苏联的"维加"1 号和"维加"2 号，日本的"彗星号"与"先驱号"，欧洲航天局的"乔托"号①。它们先后在哈雷彗星旁边飞过，有的还穿过了彗星的本体，取得了赫赫战果。

对"乔托"号来说，这真是一场"历险记"。它在穿过彗头时，最后两分钟内，速度高达每秒 68 千米的尘埃粒子冲击它的频率达每秒 120 次，毁坏了它的保护装置，使一台摄影机的镜头失效，它发回地球的通信也曾中断了 25 分钟。

然而它的冒险得到了报偿，它发回了 2000 多张彗星的近距照片和其他资料，使彗星研究获得了重大的突破。

根据这些探测器发回的资料，尤其是清晰的彗核近影，可以判明哈雷彗星真是一个"脏雪球"——但并非呈球形，

———————

① 乔托是 14 世纪意大利著名画家。1301 年天空中出现了彗星，他栩栩如生地把当时人们争看彗星的景象临摹在一幅壁画上。经考证，那颗彗星正是哈雷彗星。该画现已成为价值连城的艺术珍品。

而像一只烧焦了的马铃薯，长轴约 15 千米，短轴约 5 千米。边缘极不规则，在空间还在缓慢地转动着，自转周期为 53.5 小时。它的表面比煤炭还黑，有人认为它是"太阳系中最黑的天体之一"。有趣的是，在这个小小的天体上居然还有天文学家熟悉的山脊、山谷及环形山之类的地形结构，还有几个奇特的亮斑活动区，从那儿不断喷出大量的气体尘埃物质（其中 80％ 是水分子），一直可以喷到几千千米高。在阳光照耀下，这种"哈雷喷泉"五彩缤纷，简直是天下奇观。

另一艘飞船——日本的"彗星号"在 1986 年 3 月 1 日前后测定哈雷彗核喷出物质（气体状）的速率是每秒 6.9×10^{29} 个分子，若以 80％ 为水计，则相当于每秒钟喷出 59 吨水汽。如果把它们液化（加压、降温），则半分钟就可以灌满一个游泳池。

由此可见，彗核的黑色包层之下实在是个大冰库，也可以说是个混有砂粒、砾石或其他物质的"脏雪球"。彗星的脏雪球模型提出于 20 世纪 50 年代初，以前一直没有过硬的证据，这次终于得到了证明。为此，模型的提出者——已是耄耋之年的美国天文学家惠普尔激动得夜不能寐！

难得的中国彗星

1965 年初紫金山天文台连续发现了 2 颗彗星，开创了中国人发现彗星的纪录。两颗彗星分别被命名为"紫金山"

1号、"紫金山"2号彗星（1965Ⅰ、1965Ⅱ）。第三颗"紫金山"彗星问世是1977年9月的事，与"紫金山"1号、"紫金山"2号不同的是，它是一颗非周期彗星，轨道是一条双曲线，所以初相识也是永诀。

进入80年代后期，由于南京地区的天文观测条件逐渐恶化，紫金山天文台的一些工作只能另寻地方进行。1988年，紫金山天文台的年轻天文学家葛永良、汪琦远赴北京天文台进行小行星定位观测，11月4日，他们在工作中意外地逮住了一颗新彗星。经过计算，新彗星的周期为11.4年，正好与两人发现它的日子11月4日相同！真是有趣的巧合。11月19日它得到了国际确认，以发现者的姓氏命名为星名——"葛–汪彗星"。这是第一颗以中国人姓氏命名的彗星。

又过了一个10年，1997年6月4日凌晨，北京天文台的青年天文学家朱进博士等人在位于河北燕山深处的兴隆观测站也有了收获：在天秤座内发现了一颗星像蓬松又在缓慢移动的星体，他们立即意识到这是一颗彗星，马上报告了"国际天文学联合会彗星中心"。随后加拿大的天文学家也观测到了这颗新天体，于是国际天文学联合会彗星中心向世界通报了这次发现。起先朱进把它命名为"兴隆"彗星，后来被国际天文学联合会正式编号为"C/1997 L1"——正名为："朱-巴拉姆彗星"。

第6颗与第7颗中国彗星则是由中国留美学者李卫东发现的，他分别于1998年12月和1999年3月在美国发现了"C/1998 Y2"与"C/1999 E1"，它们均被命名为"李彗星"。

第8颗由中国人命名的彗星则是中日合璧的"池谷-张彗星"。这也是第一颗带有中国天文爱好者姓氏的彗星。

池谷的全名为池谷熏，是一位年逾花甲的日本天文爱好者，让他名扬天下的是1965年他与另一日本人同时发现的"池谷-关"彗星（1965f）。它也是20世纪著名的大彗星之一，最亮时在白天也能看见，有"白昼彗星"之称。

"池谷-张"中的张是张大庆，1970年生于河南开封的工人家庭。他求知若渴，刻苦自学天文知识，自己动手磨制天文望远镜，自1991年8月30日开始进行系统的搜寻彗星天文观测。为避开城市灯光，他常骑着摩托车跑十几千米到郊外……

2002年2月1日19时15分，在他进行第518次彗星搜索观测时，676个小时又20分钟的努力终于有了回报。他在自己磨制组装的望远镜内见到了一团暗淡朦胧的云雾状的天体出现在鲸鱼座内。后来国际天文学联合会彗星中心7813号通告把它命名为"C/2002 C1池谷-张彗星"。初步计算表明，它是一颗长周期彗星。

向彗星开炮

在经历了两次被迫延迟后，美国航空航天局终于在2005 年 1 月 12 日把那一枚举世瞩目的彗星探测器——"深度撞击"号发射上太空。

"深度撞击"号重650 千克，大小像一辆中型面包车，它由母船"飞越舱"（即"深度撞击号"）与"撞击者"两部分组成，价值 3.3 亿美元。探测目标是古老的"坦普尔"1 号彗星。为防止彗星物质对它造成伤害，它外面披上了一件特殊的"防弹神衣"——由 8 层"凯夫拉"防弹材料和 12 层"内克斯特尔"合成材料织成。

"深度撞击"号于当年的美国独立日（7 月 4 日）与彗星相会，是时彗星正运行到距离地球最近的约 1.5 亿千米处。1 时 52 分，"深度撞击号"把所带的那枚重 372 千克的"撞击者"以 10 千米每秒的速度向彗核射出，这枚"铜炮弹"主要由铜（49%）与铝（24%）组成，它只有一张茶几那么大，但表面布满了铜钉。撞击器之所以选用铜，是因为彗星中基本不含铜，这样人们就很容易区别出撞击后彗星所释放出来的东西。这旷古以来的宇宙第一炮击威力相当于 4.5 吨 TNT 炸药。因而人们看到了一场罕见的"太空焰火"。撞击舱内还携带了一张刻满全球56万天文爱好者名字的光盘，其中有上万名中国天文爱好者的名字，这张不同寻常的光盘有可能会随着铜弹而穿入彗星的内部，永远留在彗星上，所以这些人可能会在彗星上"流芳百世"。

　　为确保这一炮"弹不虚发"，科学家对飞船的软、硬件系统进行了反复测试，以保证万无一失。此外，他们还专门挑选了6颗"替代彗星"，以便它万一错过"坦普尔"1号还可以转向其他目标彗星补开这一炮。

　　这旷世以来第一炮至少已取得两项成果：第一项成果是显示出人类远程精确打击的能力，这对于将来避免彗星、小行星撞击地球有重大的意义。不过，这种导航控制技术也可能转换为"卫星杀手"（即把某卫星击落）等太空武器。第二项成果是对该彗星的彗核进行了空前的精细探测，并有重要发现。"坦普尔"1号彗星的彗核形状就像一个马铃薯，长约14千米，宽约4.8千米，与直径1万多千米的地球相比，这个小星球就像一个袖珍的世界，但它同样也有山脉、高原、平原、盆地。与地球不同的是，彗核表面散布着大大小小的环形山，有的直径超过 1 千米，估计是以前大约 30 层楼高的小行星猛烈撞击留下的撞击坑。

原来天文学家预测彗核表面颜色相当黑，但实际拍摄显示它的彗核主要呈现深灰色和灰黑色。令人感到意外的是，在它的彗核表面还有不少神秘的白色斑状物，其长度为 20～500 米，宽度为 10～100 米，表面光滑，反光能力强。最令人吃惊的是，彗核表面的尘埃十分厚。当初天文学家预测彗核表层主要是冰物质（水冰及二氧化碳冰、甲烷冰等），是一个冰封的世界，但撞击后在抛射物质中并没有发现明显的水、二氧化碳、甲烷等物质，主要的抛射物质是比面粉还要细的尘埃物质，仿佛是炮弹击中了面粉仓库。看来彗核表面是一个亘古至今的尘封世界。1969 年人类登上月球时发现月面上有几厘米厚的尘埃，但"坦普尔"1 号彗星彗核表面的尘埃比月球表面要厚得多，估计可能超过 5 米。但我们不知道这是"坦普尔"1 号的"个性"还是所有彗星的共性。

然而世上真有些荒唐事让人哭笑不得，这样的科学壮举竟引发出一件"官司"：据俄罗斯《消息报》2005 年 7 月 5 日报道，当全世界都为人类首次成功撞击"坦普尔"1 号彗星感到欢欣鼓舞时，俄罗斯一名女占星家玛丽

娜·拜伊却大感失望。她期盼莫斯科一区级法庭尽快审理她起诉美国航空航天局（NASA）一案，她要法院判处NASA撞击彗星实验扰乱了她的占星，侵犯了她精神上的权利。45岁的玛丽娜声称，"我担心它可能对整个人类产生影响"。玛丽娜在诉状中说，"显而易见，这次太空大爆炸后，这颗彗星的运行轨道以及相关的性质都将发生变化。这将影响我的占星学，令我的占星变位"，这侵犯了她的"生活和精神价值"，她要求NASA赔偿她3亿多美元的"道德"损失费。

当然这场闹剧的结果也只能是让这个女占星家出乖露丑而已。

凯旋的"星尘"号

在1985—1986年哈雷彗星回归时各国科学家先后发射了4艘无人飞船，得到了许多宝贵的资料，这对于研究彗星的结构组成、彗核的化学成分、彗尾的物质状态、彗星的演化都有重要的意义。为了进一步研究彗星，美国航空航天局于1999年2月7日又发射了"星尘"号探测器。它自重约386千克，大小与街上的电话亭相仿，因为它要接近彗星并进行采样工作，所以外部也装有特殊的防护罩。

"星尘"号的使命是去会见"维尔特"2号彗星，在飞行途中它还于2000年3—5月和2002年7—12月捕获了一些星际尘埃。2002年11月2日，它还从离第5535号小行星3300千米的位置上拍摄了近距照片。

"维尔特" 2 号彗星是一颗较少见的、大致保持着"原汁原味"的古老彗星。它形成于太阳系的边缘区域，一直位于冥王星以外的地方。正因为它很少走到离太阳很近的地方，所以也

就是意味着它的表面温度一直处于很低的状态，很可能保留着 46 亿年前太阳系刚形成时的原始状态和原始物质，这些对于揭开彗星的本质和它的起源演化都有重要的意义。极其幸运的是，"维尔特" 2 号彗星在 1974 年由于受到了木星的引力影响，改变了轨道，可以运行到离我们不太远的地方，这使得这次历史性的"会面"变得切实可行。

2004 年 1 月 2 日，"星尘"号按时与目标相遇。它从"维尔特" 2 号彗星上空飞越时，除拍摄了相应的照片图像外，还及时地打开了采集器，采集到彗核爆发时喷出的气体、尘埃物质。那些被捕获的粒子速度为 6100 米/秒，尽管它们比沙粒还小得多，但是高速急停还是能改变它们的外形和化学结构，甚至使它们完全被汽化。所以为了采集时让它们尽量保持原始状态，采集器使用了硅基固体材料，它有海绵那样的多孔结构，99.8％的空间被真空填充；如果这种材料被空气填充，它几乎能在空气中飘浮。气凝胶密度只有玻璃的千分之一，当颗粒物质撞上气凝胶，它就

被埋在材料里面，画出比自己长 200 倍的胡萝卜形的轨迹，在此期间减速停止，就像飞机在跑道上滑行制动减速一样，科学家将利用这些轨迹寻找微小的颗粒。因为气凝胶几乎透明，有时也被叫做"蓝烟"。

此后，"星尘"号飞船的母船进行了"转向操作"，防止它进入地球，NASA 考虑把它发射到另外的彗星或者小行星。与返回舱分离并转向完成后，它上面还有 20 千克燃料。

返回舱在当地时间 1 月 15 日凌晨 3 时 12 分（北京时间 18 时 12 分）携带从彗星上取得的尘埃降落在美国犹他州大盐湖沙漠中，当时返回舱的速度达到 12.9 千米每秒，创造了迄今进入大气层最快的人造宇宙飞行器的纪录。

"星尘"号采集到的这些物质中含有太阳形成早期喷射到太阳系边缘的高温物质。人们通常认为彗星是在太阳系外围寒冷之处活动的星体，主要由冰、尘埃和气体组成，初步的研究结果却大出科学家们的意料。"星尘"号任务首席科学家布朗利称："有趣的是，我们从这些来自太阳系最冷的地方的材料中发现了高温物质，真是不可思议，我们发现了冰与火。"其中有一种物质叫"橄榄石"，这种物质在宇宙中到处可见，夏威夷一些海滩的绿沙中也可以找到这种物质。科学家们希望能够搞清楚这些物质的起源，研究的结果也将为解开彗星起源之谜提供线索。

"星尘"计划是一位 65 岁的华裔科学家邹哲的杰作，他早在 1981 年就有这个设想，计划因构思巧妙、费用低廉而备受关注，他本人也成为此研究课题的首席科学家。

┠ 从天上落下来的星星——陨星

天上有石头，
天方夜谭！

1768 年，欧洲某地发现了三块陨石的消息不胫而走，许多人不惜长途跋涉赶往那儿，希望能一睹风采。消息传到当时的科学中心——巴黎科学院，科学家们却大笑不已。不久前，他们刚刚打发走一个来献"天上石头"的农民，认为他不过是想来骗取奖金的蹩脚骗子。为了平息这种"流言蜚语"，科学院派了几名科学家前往考察研究。几天以后，他们一致得出结论："石在地面，没入泥中，电击雷鸣，破土而出，决非天降！"1790 年，历史又重演了一次。他们收到了一份包括市长在内的 300 多人签名的来信，说是在 7 月 24 日晚上 9 时，有一块大石头从天上落到市内。科学院的先生们又嘲笑说："加斯可尼人生来就是吹牛大王，这市长像是个疯子。"他们还通过了一项决议，表示要与这种迷信思想作坚决的斗争。著名化学家拉瓦锡①在 1772 年也说："陨石是不可能有的虚构之物，因为天上显然不会有石头。"

---

① 拉瓦锡（1743 — 1794）为法国著名化学家，他否定了"燃素说"，促进了化学的发展，但后来他在资产阶级大革命中反对革命，最后被判为"人民的敌人"，上了断头台。

大洋彼岸也有类似的事情发生。19世纪初，美国总统是博学多才的杰弗逊。美国史学家们曾公正地评价他是当之无愧的气象学家、天文学家、古生物学家、考古学家、发明家……可是，这样一个大人物也犯了类似的错误。1807年，有两位美国天文学家在报上发表了一篇文章，里面提及他们在康涅狄格州亲眼目睹一颗自天而降的陨星，落地后竟是一块石头。杰弗逊武断地认为这实在"荒唐"。在不久后的一次公开演讲中，这位64岁的老人以此为例嘲笑一些科学家信口开河。他说："我宁可相信这两位学者是在撒谎，也不相信石头会从天上掉下来。"

天上真会落下星星吗？星星落下后会变成普通石头吗？

从孔明将星坠落谈起

我国古典小说《三国演义》描写孔明病危时说："是夜，孔明令人扶出，仰观北斗，遥指一星曰：'此吾之将星也。'众视之，见其色昏暗，摇摇欲坠。孔明以剑指之，口中念咒。咒毕急回帐时，不省人事。"同时，敌军统帅司马懿也在观看星象："见一大星，赤色，光芒有角，自东北方流于西南方，坠于蜀营内，三投再起，隐隐有声。懿惊喜曰：'孔明死矣。'"

在我国民间素有"天上一颗星，地下一个丁"之说，认为凡间每一个人都与天上的某颗星相对应。帝王是九五之尊，将相是极品之位，所以都是灿灿大星，而平民百姓则是微弱不起眼的小星……

这当然是迷信。满天星斗，肉眼可见的仅 3000 多，若死一个人就要掉一颗星，天上早就没有星星了。再说，恒星都是一颗颗遥远的太阳，太阳和地球宛如西瓜与芝麻，谁听说过一个个西瓜落到了一粒芝麻上？

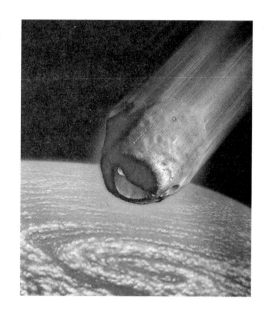

实际上，我们所见到的掉下来的星星并不是天上真正的星星。它们的名称叫"流星"，与真正的恒星无关，同人类的生死更是风马牛不相及。

造成流星现象的流星体实在是极小的小不点。它们平时就在宇宙空间内游荡，多数是小如草芥的尘埃沙粒，难得有些如芝麻、绿豆那样的小团，偶尔也有个别更大一些的碎块。它们如果跑到地球附近，闯进大气层，就会与大气中的分子发生剧烈的碰撞与摩擦，使极高的速度转化为巨大的热能，在流星体周围形成一个炽热气体（温度可达几千度）和冲击波组成的明亮的包层，划破长空，骤然而现——这就是我们所看到的流星。所以，我们平时所见的流星并非是小小流星体本身，而是它外面的包层。

根据苏联一些天文学家研究，一颗亮度相当于 1 等星的亮流星，流星体的质量不过在 0.1 克左右。即使达到像小火球那样 -3 等的流星（称"火流星"），质量也不过 5

克，仅与两只乒乓球的重量相当。正因为它们是如此之小，所以绝大部分流星是到不了地面的，早在大气高层就被高温气化了。

看，流星！

与彗星一样，亚里士多德关于流星的错误观念也束缚了西方千余年。他认为，流星只是地球上的某种物质蒸发后形成的，不值得天文学家去研究。正因为受到这些传统观念的束缚，巴黎科学院及杰弗逊总统才干出了贻笑大方的蠢事。

流星现象是极其普遍的，肉眼所见的只是其中的极少数。随着望远镜以及雷达的应用，人们发现，即使在白天，流星也在无声无息地向地球俯冲下来。越是暗弱的流星，数目越是多。每天落向地球的流星竟是一个了不起的天文数字。

一天中落到地球上的流星物质有多少？不同的人作出的估计差别很大。有人估计为 5～10 吨，有人的结论是 500 吨，两者相差近百倍。假设在过去 20 亿年的时间中流星降落的物质是平均每天 200 吨（在多少亿年前，流星数应比现在多得多），那么地球上得到它的馈赠为 146 万亿吨（1.46×10^{14} 吨），相当于每平方千米表面上沉积了 28 万吨流星物质，使地球半径增加了将近 10 厘米。

每天下落的流星情况

流星亮度（星等）	对应质量（毫克）	流星数目（千个/天）	倍率	流星亮度（星等）	对应质量（毫克）	流星数目（千个/天）	倍率
−3	4600	28	2.54	4 *	6.3	18000	2.54
−2	1600	71	2.54	5	2.5	45000	2.50
−1	630	180	2.50	6	1.0	110000	2.44
0	250	450	2.44	7	0.4	280000	2.55
1	100	1100	2.55	8	0.16	710000	2.54
2	40	2800	2.54	9	0.063	1 800000	2.54
3	16	7100		10	0.025	4 500000	2.50

＊由于流星移动很快，一般 4 等以下的流星用肉眼已无法见到。

仙女之泪亦壮观

通常人们所见的流星是一些"散兵游勇"，它们突然而来，瞬息而逝，很难预料。所以，要拍出一张美丽的流星照片常常要有足够的耐心。但是，有时天空中却会出现雨点般的流星群。我国古籍《竹书纪年统笺》中就有"帝癸十五年，夜，中星陨如雨"的记载。这是发生在公元前 16 世纪商朝的一次罕见天象，也是世界上最早的关于流星雨的记载。

有时流星雨的规模可以达到令人目瞪口呆的程度。例如 1833 年 11 月 13 日夜，在美国波士顿地区的居民见到了一幅见所未见的壮观画面：成千上万颗"星星"像漫天飞

雪滚滚而来，叫人根本无法计数。据科学家们估计，那一夜落下的流星约有 24 万之多，最高潮时，每一秒钟内就从狮子座内迸发出 20 多颗。以至到第二天夜晚，当地许多农民纷纷跑出户外，要看看经过昨夜的"星雨"后，天上还剩下几颗星星。

由于无知，过去人们对流星雨也会感到坐卧不安。11 世纪中叶出现在日本的一次流星雨吓坏了日本天皇，他为了平息上天的"盛怒"，慌不迭地颁布了大赦令。1533 年俄罗斯的一场流星雨让莫斯科人看见"许多星星在天上像一条长带子从东方飞到严冬的西方"，就像"千百个天使在怒射一支支火箭，也像乌云中降下倾盆大雨"。前文提到的 1833 年北美的那场流星雨也曾吓得许多黑人跪拜在地，祈求上苍宽宥他们的罪过，他们以为这是一个"可怕的审判日"的先兆。直到 1933 年，在欧洲的葡萄牙，一场流星雨还吓得市民纷纷拥向教堂去忏悔，导致教堂内一时人满为患；几乎在同一时刻，苏丹的土著人则举行了紧张的集会，他们把战鼓擂得震天响，指望以此来吓跑"要把星星从天上摘下来"的恶魔。

其实流星雨的出现是有规律可循的。为了研究的方便，天文学家们根据它们出现在天区的范围来进行命名。仔细

观察便可发现，流星雨几乎都有一个"辐射点"：整群流星都像是从那一小块天区中迸发出来的。科学家于是以辐射点所在的星座名称呼它，如狮子（座）流星群，天龙（座）流星群等。

　　流星雨的规模一般都很小，能引起人们惊诧和恐慌的极其罕见。一般的流星雨十分稀疏，1小时内出现五六颗或十来颗是最常见的，因此，有些粗心的观测者往往见了也不介意。

9个主要流星群表（按时间先后排列）

流星群名称	出现时间		极盛时刻		辐射点坐标		与地球相对速度（千米/秒）	附　　注
	起（月日）	止（月日）	时间（月日）	每小时流星数（个）	赤经（小时、分）	赤纬（度）		
天琴流星群	4/20	4/24	4/22	14	18 08	+32	48	流星速度较快，较亮
宝瓶 η 流星群	5/2	5/7	5/5	18	22 24	0	59	流星速度较快，路径较长

续表

| 流星群名称 | 出现时间 | | 极盛时刻 | | 辐射点坐标 | | 与地球相对速度(千米/秒) | 附 注 |
	起(月日)	止(月日)	时间(月日)	每小时流星数(个)	赤经(小时、分)	赤纬(度)		
宝瓶δ流星群	7/22	8/1	7/31	36	22 36	−8	43	流星路径较长,有时出现两个辐射点
英仙流星群	7/27	8/16	8/12	70	3 04	+58	61	流星速度极快,路径长而亮,带黄色
猎户流星群	10/17	10/25	10/21	35	6 24	+5	66	流星往往有较长的路径
金牛流星群	10/25	11/25	11/8	16	3 44	+18	30	流星较亮,有时似有两个辐射点
狮子流星群	11/16	11/19	11/17	很多	10 08	+22	72	流星快而多,呈青绿色,但流星数历年差别极大,最多为1833年,上次极大为1967年
仙女流星群	11/17	11/27	11/25	8	1 40	+43	16	流星较慢,呈红色
双子流星群	12/7	12/15	12/24	55	7 28	+32	37	流星很多很快,路径较短,色白亮

　　流星的前身是流星体,流星雨的前身则是如飞蝗那样的流星群。流星群在宇宙空间内默默无闻地绕着太阳运行。若流星群的轨道与地球轨道相交,就可能出现流星雨。辐

射点是因为透视造成的。狮子座流星雨只是发生在狮子座的方向，并不是说该流星群真的是从狮子星座内来的。

太阳系内流星群很多，其中有 9 个最为主要。流星群的轨道比较"轻飘"，很易受到摄动而改变，所以它们出现的时间、数目和辐射点的位置都在缓慢地改变着。若干年后，可能有的流星雨就消失了（轨道不再相交）。如狮子流星群就在逐渐消亡中。而有的流星群则会粉墨登场（原来轨道不相交而变为相交），成为引人瞩目的流星雨。

流星群内的物质数量虽然是个天文数字，但因它们极其微小，所以总质量很小。例如，天文学家测出整个英仙流星群的质量不过在 5×10^{11} 千克（即 5 亿吨）左右，相当于地球质量的 10 万亿分之一。

观众最多的吉林陨石雨

1976 年"三八"国际妇女节，晴空万里。下午 3 时 1 分，在吉林省吉林市西郊大地上耕作的农民忽见东方天空中出现了一个光耀夺目的大火球，伴随着低沉的闷雷轰鸣声向西疾驰而来。当它飞到金珠公社上空时突然发生了爆裂，两声巨响之后，它变成几个小火球向西呼啸而去，随后又炸裂了几次，最后化成万千金石，天女散花般撒向大地。据后来考察，落物的范围东西长约 72 千米，南北宽约 8.5 千米，面积近 500 平方千米。耳闻目睹这次事件的群众达百万之多。这是迄今目睹者最多的一次"陨星雨"——吉林陨石雨。

陨石雨与流星雨最大的不同是流星雨中的物质均在大气中焚化了，地面上几乎没有任何遗迹，而陨石雨却有不少落地的"天外来客"。所以，前者像无声电影，后者则总有大吵大闹的喧哗或可怕的雷声。

更多的时候，陨星是单个的，孤零零地来到人间的。有些较大的流星体在大气中未被烧完，落在地上就成了陨星。现在所知的陨星都是事后发现的，能见到陨落过程的陨星极为罕见。能找到实物的更少，不过 10%～20%。

到 1976 年为止，全世界的陨星记录约有 3000 次[①]，其中我国有 700 多次。收藏陨星最多的是英国大不列颠自然历史博物馆——1320次，我国仅 11 次。后因卞德培先生的系统研究，记录增加到了 50 次。这是因为大多数陨星是落于浩瀚的大海及荒无人烟的大漠之中，也有许多是白日落下而不为人注意。

2005 年 12 月至 2006 年 3 月，我国科学家第 22 次南极考察时，在格罗夫山地区发现的陨石竟达 5354 块，其中还有一块铁质陨石（也称陨铁），最大的单体重为 3.7 千克。更让人欣喜的是，他们还找到了一块从月亮上来的"月亮陨石"（目前全世界所知的这种月亮陨石一共只有 22 块），

---

① 根据天文学规定，一次陨星降落不管收集到多少块陨石落物，仍只能算作一次。所以，3000 次记录的陨落物块数远不止 3000。

它重 0.8 克，大小为 1 厘米×0.8 厘米。加上以前几次所收集到的 4480 块，我国所拥有的陨石数达到了 9834 块，位列世界第三，仅比第二名美国少了 46 块。

据统计，陨星中 92% 以上是石质陨星（简称陨石）。正因为这样，许多人把陨星干脆都称作陨石。陨石的主要成分是硅酸盐，也有少量的铁镍合金，所以平均密度比普通岩石略大一些。由于它在陨落过程中经受过高温烈火的冶炼和冲击波的压力，因而刚落地的陨石表面常常有一层极薄的黑褐色熔壳层。由于地球上日晒雨淋、风刀霜剑的侵蚀，不消几年，钻入土中的陨石就会失去这种独有的特征。但是不少陨石的表面上常留有许多气印，很像一个个掐出的

指甲印。80% 以上的陨石断层上都有极其细微的闪闪发光的小球粒，大小在 0.5～2.5 毫米之间，其成分主要是橄榄石和辉石，也可能混有若干玻璃质。通过这些，天文学家可以了解到 46 亿年前太阳系形成之前星云内的许多状况，所以陨石有重大的科学价值。在空间探测以前，它也是人类唯一可以进行实物分析的"天体"。

从著名的《荷马史诗》中我们知道，两千多年前的古希腊人对一块位于阿戈斯河畔的怪石一直顶礼膜拜，敬若神明。因为它是自天而降的"神器"。

1492年11月7日，荷兰境内落下了一块陨石。埃因埃温市教堂内的信徒闻讯后立即赶到陨落处，把它搬回了自己的教堂。为了防止它飞走，他们用一条粗铁链把它锁在教堂的柱石上，一位神父还题了词："说起这石头，无人不知晓；个个懂一点，谁也说不全。"无独有偶，22年后匈牙利也出现了类似的"喜剧"，但这一次教徒们更加聪明了些，他们把已经锁好的陨石拿出来当作神品祀奉，并开放让人参观，于是财资就滚滚而来。不仅众多的善男信女心甘情愿地为它捐款，而且广大游人也因满足了好奇心而慷慨解囊。

陨石在进入大气层之前的母体一般相当庞大，落到地上的只是它极小的一部分残骸。例如，吉林陨石雨的母体可能是一颗直径上百千米的小行星，但是中国科学院收集到的100多块陨石总质量只2.7吨。这已是目前收到陨石最多的一次。落于金家岗子附近的1号陨石重1770千克，是世界陨石之冠。据目击者反映，它坠地时造成了一次小小的地震，地面上升起了50米高的蘑菇云状烟柱，地面上被砸出了一个直径2米多的坑洞。人们花了九牛二虎之力，钻挖了6米深才把它"请"上了地面。

陨石在大气中陨落时会因表面温度不匀而发生爆裂，所以它们一般都不大，重量超过1吨的世界上只有两块。

一块是冠军吉林 1 号陨石，另一块是美国的诺顿-富尔内斯陨石，其重量是 1079 千克。

沙漠深处的"银骆驼"

一般陨星以发现地点为名。对于从陨石雨中收集来的许多陨石，则常在地名后加上编号，如"吉林"1 号陨石。也有的在中间加上年份，如"大和-79-0112"，其中 79 表明在日本大和出土的这块陨石发现时间为 1979 年。

在从天而落的万千陨星中，有相当一部分是铁陨星——陨铁。陨铁常是天然的不锈钢，因为其中除了 90% 左右是铁外，还有大量的镍（8%～9%）、钴（0.6%）等金属元素。它们的密度在 7.5～8.0 克/厘米³之间，比纯铁略重一些。人们估计，陨铁占所有陨星的 5%～6%。

早在 4000 多年前，我国已有了"帝禹夏氏八年（公元

前 2133 年），雨金夏邑"的珍贵记录，说的是降于河南今颍川县阳翟地区的一次铁陨星雨。在河北藁城的一个商代古墓中，考古学家发现了一把铁刃铜钺兵器，那铁刃就是用陨铁做的。这表明，我国早在青铜时代就懂得利用"天赐"的陨铁了。现在在我国新疆乌鲁木齐市的自治区展览馆后院内就陈列着一块巨型陨铁——被当地少数民族称为"银骆驼"的新疆大陨铁。

这只从天而降的"银骆驼"究竟何时来到尘间尚未得到确证。但可以肯定，它静静地躺在青河县银河沟的荒漠中已有很多年了，因为早在 19 世纪末当地就有了关于它的传说，1917 年已有了文字记录。1965 年，人们把它从 600 千米外的地方弄到乌鲁木齐市。1984 年，它终于得到了切实的保护，结束了任人践踏、锯刻的命运。

这只"银骆驼"是一块很大的铁疙瘩，外形是一个不规则的圆锥体，长 2.42 米，宽 1.85 米，高约 1.37 米，总重约 30 吨，是世界第三大陨铁。它的前端有许多下坠时经高温燃烧形成的特有的熔孔；周围有一些不规则的突起；被人锯凿过的地方则裸露出银灰色的光泽，似乎在向人们诉说着所受到的不公正的待遇⋯⋯

现知的世间最大的陨铁是在非洲纳米比亚沙漠中的霍

巴大陨铁。它的大小为 2.5 米×2.5 米×2 米，像一块规则的大方砖。因为它的总重在 60 吨左右，又躺在人迹罕至的地方，所以自 1920 年发现至今还半埋在土中无法挪动。这块陨铁十分坚硬，人们花了整整两天时间，不知磨损了多少刀刃、锯条，才从它身上割下了一小块（2.5 千克）去做化验，结果发现其中镍含量竟高达 16%。

陨铁中的亚军是格陵兰岛的约角 1 号陨铁，重约 33 吨，最早知道它的是因纽特人，1897 年由旅行家皮里运往美国纽约。皮里在旅游时发现了这个埋于冰块中的天外来客，他割下了 3.1 吨带给了纽约自然历史博物馆，使这块陨铁得到了重视，被运到了美国。

1983 年在沈阳东郊人烟稀少的森林中，人们发现了陨星的"巨无霸"。它深埋地下，只露出了 10 米高的部分，周长 130 米，估计总重达 200 万吨，降落时间为 19 亿年前。倘能证实真是陨星，无疑是世界的又一大奇观。

第三类陨星是介于陨石与陨铁中间的石铁陨星——陨铁石。从组成来看，这类陨星中硅酸盐和铁镍物质各占一半左右，平均密度在 5.5~6 克/厘米^3 之间。石铁陨星比较少见，大约占整个陨星的 2%，收集到的标本更少。以前人们认为最大的石铁陨星是阿根廷的埃斯克尔陨铁石，重约 1.5 吨，但据我国科学家最近考证，在山东省莒南县坪上镇的大铁牛庙村广场上耸立着一块罕见的巨型石铁陨星，当地人习惯地称之为"大铁牛"——该村的村名也由此而来。经测定，"大铁牛"长 1.4 米，最大宽度 0.8 米，上下厚（高）0.3～0.4米，最厚处达0.8米，体积为0.6立方米，重约4吨。

经化验鉴定，其含铁量为70%，其次是橄榄石、辉石等硅酸盐；此外还含有十多种矿物，其中锥纹石、镍纹石、陨硫铁、陨硫铁镍等都是地球上很难找到的物质。科学家们还估计出它的陨落时间大约在1200多年前的唐代。

为了研究陨星的来源，苏联天文学家曾将陨星中最丰富的8种元素的含量与地球（不是地壳）中的含量相比，发现它们极为相似。这表明，它们的起源有一定的类同性。

陨星也有"人造"的

科学发展到今天，人类已经发射过几千颗各种类型的人造卫星：人造地球卫星、人造月球卫星、人造金星卫星、人造火星卫星……美、苏两国还发射了若干个"人造行星"。此外，国外还制造了"人造彗星"，为研究彗星翻开了新的篇章。

有人或许会问：有没有人造流星或人造陨星呢？

答案是肯定的：有。这就是人们通常所说的"太空垃圾"。它们并不是人们计划之中的产物。对于人类而言，它们简直就像悬在空中的"达摩克利斯之剑"。

人造流星、人造陨星几乎是与

人造卫星同时诞生的。1957 年 10 月 4 日升天的第一颗人造地球卫星在飞行了 102 天之后就成了世界上第一颗"人造流星"。1958 年 1 月 14 日，这颗重达 83.6 千克、轰动一时的卫星终于"筋疲力尽"，坠落并焚毁于稠密的大气之中。目睹它最后"殉职"的仅是几位科学家。但从此之后，流星、陨星中就增加了这一类新客人。

随着人造卫星数目的急剧增多，天空中火箭、火箭碎片、过时的人造卫星等的陨落事件变得屡见不鲜。据 1982 年 7 月统计，人类已向太空发射人造天体 2230 次，造成了 13317 块碎片，其中已坠毁了近 9000 个，仍有 4695 个在轨道上。5 年之后的 1997 年，大大小小的碎片已达 3500 多万块，而且还在以大约每年 10％的增长率迅速扩大队伍。因此，现在几乎每天都有或大或小的"人造流星"或"人造陨星"向地面下落。当然，绝大多数是神不知鬼不觉的，人们也不会注意。

但是，从 20 世纪 70 年代后期起，情况出现了变化。1978 年 1 月 24 日，一颗装着核反应堆的苏联间谍卫星"宇宙-954 号"在轨道上发生了故障，一枚火箭发动机熄火失灵，致使它向加拿大坠落下来。消息传出，世界哗然，因为那颗卫星上装有 45 千克高度浓缩的铀 235。在第二次世界大战中，美国在日本投下了两颗原子弹，夺去了几十万平民的生命，人们对此记忆犹新，而卫星中铀的数量大大超过了这两颗原子弹的总和！因此，加拿大和美国当局极度紧张。为了寻找带有强烈放射性的卫星碎片，两国出动了大批人员奔向加拿大的西北地区。加拿大政府为此向苏联提出了严重的抗议并要求赔偿。经过激烈的讨价还价，苏联政府不得不支付了300万美元。1983年时，苏联又有一颗带有核燃料的"宇宙1402号"坠落，也一度引起人们的严重关切。

第二次严重威胁是由美国的科学卫星——"天空实验室"1号引发的。这颗重达70多吨的卫星发射于1973年，原计划要在太空中工作十年以上，但后来因为太阳活动加剧，它在轨道上的空气阻力增大，因而寿命大为缩短。在权衡了利弊得失之后，美国决定放弃抢救的计划，听凭它坠落。这70多吨的庞然大物如果落在大城市，后果是不堪设想的。美国科学家采取了应急措施，向各国发出协同监测的要求，同时使它在空中改变了姿势，加快了自转速度，以尽量避

开繁华地区。1979 年 7 月 11 日 16 时 30 分（格林尼治时间），它终于坠落于澳大利亚以西几百千米处，500 多块钢铁碎片（最重的有 2 吨）落进了印度洋，至此各国才松了口气。

1996 年 11 月 16 日，俄罗斯在美国发射了"火星全球观测者"（11 月 6 日）之后也匆匆让"火星-96"飞船升天。这个大型行星探测器重 6.7 吨，带有许多现代化的设备，准备到达后让 2 个自动站在火星上安家。可是由于第 4 节未能及时点火，火箭升空 3 分钟后便与地面失去联系。由于其带有 4 个核电池，内装 200 克剧毒的放射性元素钚，所以世界又为此高度紧张起来。澳大利亚更是进入了高度戒备状态，成立了紧急情况处理机构，一支庞大的核专家队伍集结在悉尼待命——因为克林顿已给澳总理打了个紧急电话，推测"火星-96"有可能会坠落在澳大利亚的东北部地区。最后该飞船在澳大利亚东部夏令时间 18 日 12 时 34 分（世界时 1 时 34 分）坠落于浩瀚的南太平洋内，他们才松了一口气。

人造陨星的危险是客观存在的，有的还相当危险。不过由于有大气保护，绝大多数人造陨星将在大气中燃烧殆尽；加上地球表面 75％ 以上是海洋，所以这种危险性就大为降低了。但太空垃圾毕竟在增加，所以总有一天它会变得不可忽视。1988 年 9 月中旬，瑞典一位 77 岁的退休农民柏森正在森林中砍树，突然被从人造卫星上掉下来的一块金属小碎片击中了右前臂，受到了一些轻伤。他成了世界上第一个被太空垃圾击中的人。事后柏森幽默地说："幸亏那块碎片不大，不然的话，我就没法活着来证明这件新鲜事了。"1997年又有人被太空垃圾擦伤了肩膀，中彩的是美国俄克拉荷马州的一位妇女。

"狄安娜"的馈赠

有本幻想小说中讲到，几个勇士千辛万苦到了月球后却像我国的嫦娥一样无法再回人间，他们只得写好一封长信，封入一个啤酒瓶内，选准地月最近的时刻向地球上扔去，终于使他们的家人获得了亲人的消息。

这神奇的幻想现在竟成了"事实"，但携带信息的"酒瓶"却是一块来自月球的陨石。它确确实实是下凡来的"月亮女神"。

事情还得从南极洲谈起。这块远离人间的大地可以说是陨星的宝库。陨星落到了南极，就受到终年不化的冰雪的庇护，一直保持着"降生"时的风韵，因而具有更高的科学价值。

据统计，从1912 — 1980年的近70年间，各国科学家在这块面积只是世界陆地面积9.4%的土地上竟收集到了5021块各类陨落物，超过了全世界以前所有陨石、陨铁的总和。它们大多分布在大

和山脉附近及阿仑地区。

在南极所发现的几千个陨落物中，年龄最大的要算玉兰山陨石，它在那儿已静静地躺了154万年了。这还只是指它来到地球后的时间，它本身则已有10亿年的高龄了。最重的陨石是"ALH-769"，它的质量为407千克。最大的陨铁是"德里克-78009"，它的质量为131.8千克。许多小陨石仅只一二克重。但最令人激动的倒并不是这些带"最"字的陨落物，而是一块根本不引人注目的"α-81005"陨石。它很小，直径仅3厘米左右，像只高尔夫球，重量也不过31克，表面上有浅蓝色与咖啡色的条纹。经过几个月的精心研究并与"阿波罗"16号宇航员从月球上带回的月岩标本作比较后，人们得到结论：它原是月球上的一块岩石。这个惊人结论在1983年得到了天文学家的认可。

1984年3月，日本科学家宣称，他们从南极发现的陨石中又找到了一颗"月亮女神"。它重25克，编号为"亚玛托791197"。

在第22次南极科学考察时，我国科学家也获得了一块"月球陨石"。这颗来自月球上的"珍贵客人"重约0.8克，发现地也是在格罗夫山地区，准确的地理位置是：东经75°19′10″，南纬72°50′6″。发现者欧阳自远院士的高足林杨挺研究员自述："我眼前出现了一个花生米大小的石头，颜色很特别。"目前月球陨石全球也只有22块，这块0.8厘米×1厘米、0.8克重的月球陨石是中国迄今为止收集到的唯一一块。

陨石竟会来自月球的意外结论大大开拓了科学家的眼界，因此，后来又出现了发现来自火星、灶神星的陨星的报道。1985年3月在国际天文学联合会召开的"月球和行星科学大会"上，有位天文学家报告说，已经证实了很多来自月球、火星及小行星的陨石，其中"月亮仙女"所赠的"礼品"共3块。"战神玛尔斯"（火星）更为大方，竟送了9块，人们给它们取了个专门名词叫"SNC陨石"。9块中发现最早的是1865年陨落在印度比哈尔邦的舍戈蒂镇陨石，它呈三角形，大小约为18厘米×11厘米。当时人们不以为意，直到1962年在尼日利亚发现了托加米陨石，1979年在南极又发现了第三块，人们才对它们刮目相看。其他的几块则分别发现于埃及、法国和南极洲。在南极洲发现的两块火星陨石很特别，一块像柠檬，一块似甜瓜；直径约20厘米，质量在8千克左右，形成年龄不过12～13亿年，比其他陨星年轻得多。据分析，这块陨石从火星上脱离后，曾在茫茫宇宙空间内"流浪"了几百万年，最后才不声不响地躲进了南极洲的冰层中。

1996年，美国科学家从火星陨石中发现生命遗迹（见行星篇"百年之争重开辩论坛"），自此火星陨石身价百倍，要求瞻仰ALH84001及η-79001的人络绎不绝。出于科学上的考虑，所有火星陨石都被严密地保护了起来。

至今未解的"魔鬼谷"和通古斯之谜

在美国亚利桑那州有个印第安部落流传着一个美丽的

神话：很久很久以前，一位火神从天而降，停留在他们的土地上。在他离开后，那儿形成了一个极大的"魔鬼谷"。印第安人当年曾从那儿拣铁片来制作各种用具……

1891年，这个广阔平原上的奇特地形引起了科学家们的注意。经过考察测量，人们发现那是一个与月球上环形山极为相似的巨大的环形耸起物，中间是个圆形的大坑洞，直径约1245米，如加上四周

耸起的高达45米的环壁，它的平均深度达180米，相当于美国"自由女神"像高度的2倍。坑最深处离地表达170多米，看上去深邃无比。组成坑壁的石灰岩层及沙砾层被可怕的力量折断，向外翻转。在壁南端有一条长达500米的垂直竖立着的石板，它比地平面高出32米，坑穴的底部和石壁周围堆满了大大小小的碎石沙砾。细细找寻可以发现，其中混杂着一些锈迹斑斑的铁块和铁片。坑穴中的许多石块有受过高温作用的痕迹，并从外挤进了许多镍铁的微小颗粒。石壁的碎片共700吨，在10千米之外还可见到。铁片的分布也有方圆好几千米。

经过多年研究，人们已经知道魔鬼谷不是"火神"的杰作，而是铁陨星的遗迹。大约25000年前，一颗直径约60米、重10多万吨的大铁块以20千米/秒左右的速度撞

在这儿。据估算，那次撞击的破坏力不亚于30个大氢弹。

10万吨不锈钢似的纯铁，这是多大一笔财富。一些科学家以此鼓励资本家投资开采这个天赐的宝藏。浩大的勘探工作开始了，钻头打了一个又一个深洞，一直深入到地下300多米。但奇怪的是，钻头钻得越深，铁屑反而越少，最后挖出的只是令人失望的红色砂泥岩石。到1927年，有的钻头钻到了410米之下，可是仍然一无所得。在花了30多万美元和几年的时间后，投资者愤怒地关闭了钻探公司。半个世纪过去了，尽管还有人对它念念不忘，但谁也没有能力把它从地底下"请"出来。

实际上，地球上陨星坑很多，只是由于长期的风化作用，许多坑已面目全非，难以辨认了。依靠人造卫星，现在人们发现了数百个大陨星坑，已经确证的最大的陨星坑位于俄罗斯西伯利亚东部的波皮伽伊河流域。据测定，波皮伽伊陨星坑的直径达100多千米，几乎是魔鬼谷的百倍，坑底现深达400米以上。1987年，我国内蒙古的多伦县境内也发现了一个直径达70多千米的大陨星坑，这相当于从武汉到鄂州的（直线）距离，目前稳居"亚军"的地位。据研究，它形成于距今1.4亿年之前。

　　陨星坑的大小一般是与下落陨星的大小成正比的。然而也不尽然，著名的"通古斯之谜"就是最明显的例子。

　　通古斯爆炸发生于1908年，谜底至今仍未能揭开。有人认为它是20世纪六大自然之谜之首。那年6月30日清晨，一个巨大的火球从印度洋上空越过喜马拉雅山的群峰，以巨大速度向东北方疾驰。戈壁滩上的商队被这比太阳还亮的大火球吓得俯伏于地，连连祈祷不已。7时15分，这位可怕的"天外来客"已到达了俄国境内贝加尔湖西北，随即就在通古斯地区瓦纳瓦尔猎业站西北65千米的原始森林中猛烈爆炸开来。

　　这次大爆炸的威力非常大：冲天大火形成的巨大火柱直冲云霄，800千米之外都清晰可见，以致在相隔万里正值子夜的伦敦，人们也觉得似乎提前破晓了，他们可以在室外的夜空中辨认出报上的字句。在坠落处，方圆60千米顷刻成了一片焦土，2000平方千米内的树木几乎全被刮倒，许多参天大树被连根拔起。强大的冲击波几乎绕地球转了两整圈。60千米外的一位农民被击昏倒地，待过几秒钟他苏醒过来时只觉得"整个世界都在轰隆隆的巨雷声中颤抖不已"。240千米外的一匹壮马也被狂风刮倒了，600千米范围内所有建筑的门窗都被一下卷走，附近一列火车几乎被颠出了轨道！

　　惊心动魄的巨响传到1000千米之外，几乎全世界所有地震仪都描下了一段不寻常的曲线。幸而那儿荒无人迹，如果它迟5个小时沿同样的轨道砸下来，那么就会酿成有史以来最大的惨祸：整个圣彼得堡将被它从地图上抹去！

人们估计，这颗陨落的母体至少应有 10 万吨，理应造成像魔鬼谷那样巨大的陨星坑。可是事后经 3 次艰苦的考察，在爆炸中

看，10 万吨级的陨石！

心并未发现深穴大坑。在距爆炸中心 3 千米的范围内，人们只找到 200 来个小洞，最大的直径约 50 米。更令人纳闷的是，虽经反复搜寻挖掘，却未找到任何陨石或陨铁，甚至连一点残骸都没有。

100 多年来，科学家对此提出了种种假设和推测：有人说是大陨星的碎片被高温气化，本体则被埋在地底深层；有的人认为是宇宙深处的"反物质"组成的小天体遇上了地球上的正物质便发生"湮灭"，因而产生巨大的能量；还有人设想是一个小黑洞穿过了地球。20 世纪 70 年代，一些人还提出是"宇宙人"飞船失事，核燃料发生大爆炸……最近人们倾向于通古斯的母体是彗星或彗核的分裂物。捷克的一位天文学家还作了轨道计算，发现它进入大气前的路径与恩克彗星十分相似。联系到近年来的"陨冰"事件，彗星说正在逐渐为人们所接受。

两大悬案可能同是陨石所为

1871 年 10 月 8 日是星期天，美国第二大城市芝加哥一片繁华。夜幕降临，华灯齐放。晚上 8 时 30 分左右，市内东北角上的一幢房子突然起火了，接到火警的消防队员刚准备去救火，电话铃又响了，市中心附近的圣巴维尔教堂也发现了火情。接着几部电话铃声大作，报警的电话响个不停，弄得消防人员满头大汗，不知赶往哪儿好。两个小时之后，全城几乎已成为一片火海。惊慌失措的人发疯似的四处乱奔，受惊的马匹横冲直撞，妇女们呼叫着孩子，男人寻找着妻子，哭叫声、怒骂声、大火燃烧的劈啪声混成一片……事后统计表明，在这场烧了 30 多个小时的大火中，有 1000 多人丧生，120000 人无家可归，直接经济损失达 2 亿多美元。

人们强烈要求追查这场大火的纵火犯或者肇事者，可是谁也说不清火苗的来龙去脉。当时一直在现场扑救的消防队长说："真怪，那天根本没有风，但在很短时间内大火就烧遍了全城，到处是火。说是某处的母牛碰翻了煤油灯而引起的大火？不可能！从某个房子蔓延开来的火灾决不会那么快，那么大！"一些目击者说："当时整个天空好像都在燃烧，炽热的石头从天而降。"他们惊魂未定，回忆着"火雨从头上落下"的可怕情景。

进一步的调查还发现了许多怪事：几百个已经冲出火海逃到了城郊的人也没有逃过死神的魔爪。人们发现几百具尸体倒在路旁，他们身上并没有被火灼烧的痕迹，死得非常蹊跷。城内河边的一个金属造船台被烧熔成一大块铁疙瘩，但其周围并没有什么可燃物。市中心的大理石像被烧得变了形，它近旁也没有什么建筑物。后来人们还发现，那一夜，大火不仅在芝加哥肆虐，还在周围的威斯康星州和密歇根州的森林、草原逞威，那里也出现过大小不同的火情，范围遍及 5 个州。

几年之后，一位名叫切姆别林的美国科学家对于一些大气现象与火灾的关系作了细致深刻的研究，他得出的结论令人吃惊：芝加哥大火的纵火犯竟是天上的陨星！他认为，陨星在高速坠落时表面温度可达几千摄氏度，这么灼热的温度可以让一切可燃物顷刻燃烧起来。那天在芝加哥降落的是一场陨石雨，它们散落的面积很大，碎片所到之处会成为一片火海，即使不能燃烧的金属、石块也会被它的高温所毁坏。切姆别林还计算了这陨石雨的轨道，他认为其路径与已分裂了的比拉彗星极为相似。

由此人们想起了"采列斯塔"之谜。1872 年初冬，在离葡萄牙 1000 千米的大西洋上漂荡着一条漂亮的、挂着美国星条旗的双桅帆船，上面却没有一个人。《航海日志》摊在船长室的办公桌上，所记的最后那天是 11 月 24 日。记录说这天天气晴朗，风平浪静，他们行驶在东亚速尔群岛的海域……室内的箱子没有上锁，箱内珍宝和钱币很多，所有文件也无被翻动的迹象。船员和水手的房间都很整齐，绳子上还

挂有洗净的衣服；餐厅中桌椅齐整，刀叉放得好好的，就像马上有人要来进餐似的。仓库中食品丰富、淡水充足，只是酒气熏人，因为 1400 桶酒已经底朝了天。彻底检查后人们发现，除了救生艇外，船上什么也不少，更无任何搏斗厮打的痕迹……

　　船员们到哪儿去了？怎会几十人一起神秘地消失？真让人百思不解。

　　还是天文学家找到了线索，原来这可能也是陨星闯的大祸，而且很可能与芝加哥大火一样都是比拉彗星所致。那年 11 月 27 日，欧洲曾出现过一场规模极大的陨星雨，而在海上的"采列斯塔"号船长被吓坏了，他怕这些从天而降的火球会引爆充满酒精气味的仓库，急忙下令让水手弃船而逃，很可能救生艇行不多远就被一块大陨石击中……

　　陨石击中海船的事在 1908 年确曾发生过一次：美国一条三桅帆船在夏威夷附近就被从天而降的火球打断了桅杆，

击碎了船头并造成了火灾。加上风浪滔天，该船最终沉没。不过这次有少数幸存者向人们诉说了他们亲身经历的可怕往事。

从时间上说，芝加哥大火与采列斯塔帆船奇遇都是在地球经过比拉流星群轨道的期间，由此看来，两件大案可能就是它一手造成的。

2007 年 3 月 27 日，智利的一架客机正飞往新西兰。当时这架 A340 客机正飞在南太平洋万米上空，突然在机前约 9 千米处有不少燃烧物在急速地坠落。飞行员声音颤抖地报告："它所发出的隆隆巨响甚至超过了我们发动机的轰鸣声。"9 千米，飞机只要飞 40 秒钟，所以驾驶员能躲避的时间只有区区 20 秒！事后许多科学家都认为罪魁就是陨石雨。

说不尽的轶闻趣事

大千世界，无奇不有。你知道吗？有的陨石竟软如海绵，有的还发出阵阵奇臭……我国史籍上就不乏这种记载。明成化十七年七月（1481 年 8 月），山东莒城马长史的庭院中就落下过这样一块软陨石。书上形容道："初堕地，其光煜煜，而星体腐软，特如粉浆焉。"还有一次在 1821 年（道光元年）："苏属里镇有一星，堕蒯惺伯少府家……家人辈以竿触之，软如绵……竿触处成一孔，可贯绳索。"

臭陨石也有几例：公元 314 年降于山西临汾的一块陨石，"视之则肉，臭闻于平阳"。1189 年 3 月江苏宝应县降下一块"散如火，甚臭腥"的陨石。1856 年 5 月贵州正安县也降下一块陨石，县志上说它"空中鸣如雷，落物如车轮，色如卵，腥不可近"。

陨石内的成分也很有意思，人们在其中发现了 106 种矿物质，其中有 24 种（占 23%）是地球上所没有的"异宝"。20 世纪 70 年代，美国天文学家发现陨石中有大量有机物，这大大出乎了人们的意料。现在已发现的陨石中有机物有氨基酸、卟啉（bǔ lín）、烷烃等 60 多种，有人还声称发现了左旋氨基酸。火星陨石中是否有生命之争更使此变得家喻户晓，使那些主张地球生命来自天外的人十分兴奋。陨石与生命的关系尚待进一步探索研究。

1952 年，在瑞典的一个采石场中，人们发现了一块"陨石化石"。在 4.63 亿年前，一只蜗牛正在优哉游哉地爬行，不想大祸从天而降——一块百来克的陨星击中了它。这只倒霉的蜗牛就与这块 10 厘米大的陨石一起成了世界上独一无二的珍奇的陨石化石。

也有几起陨石与人密切接触的事件：1684 年一块陨石曾打在俄国一个教堂的圆顶上，但因质量很小，没有造成什么损失；18 世纪曾有德国某个教堂被陨石击毁的记录；1836 年巴西有几只羊遭到了与前文蜗牛一样的厄运；1919 年陨星杀死了埃及奈哈拉地区的一条狗……还有些陨星冲过大气时已经"精疲力竭"。例如，19 世纪时，有一块陨石"轻轻地"落入一个洗衣盆内，使正在洗衣的妇女吃了一惊。还有一次更有戏剧性：1927 年，一块只有几克重的小陨星竟落在一个日本女孩衣服的褶皱里！它的"动作"是那么轻，以致她根本不知道是什么时候钻进去的。

2005年8月13日夜，将近午夜时，江苏镇江的一位严先生出门去上夜班，刚出门就看见天上划过一道明亮的弧线，最后落在不远处的路上。他急急赶去，在黑暗之中见到了两块烧得通红的石头（摔成两截的），待稍冷后他将石头捧在手中，发现它只有蚕豆般大小，外表漆黑，但内呈黄色，形状也不规则。他成了少有的"摘星人"。

2006年6月7日凌晨2时许，一块巨大的陨石撞在挪威特罗姆斯的一座山腰上，发出了惊天动地的一声巨响。附近的有关机构记录下了随后产生的地震波。事后人们算出这次陨石爆炸所产生的能量堪与当年的广岛原子弹相比，是挪威之最。当地目击的居民说："那声音就像引爆了一个炸药库。"

2007年9月15日，秘鲁安第斯山一个人烟稀少的高地上，村民们见到一个巨大的橙色火球坠落而下，随后又听到了爆炸巨响。村民们以为是飞机失事，赶去一看却是一大块陨石坠落。地面上形成了一个长30米、宽6米、深6米的大坑，其中的水还在沸腾着，坑边的泥土则如烧焦一样。奇特的是，当时村民闻到了一股"奇怪

的臭味"，而在返家后，不少人出现了头疼、呕吐、消化不良及全身不适的症状。是否这是陨石所致，谁也说不清楚。

1994年2月1日凌晨，美国国防部的值班官员极其紧张地唤醒了熟睡中的总统克林顿，向他报告了在太平洋上空发生的神秘大爆炸。据美国6颗间谍卫星的跟踪观测计算，这次爆炸所发出的光可与太阳相比，释放的能量则相当于一颗10万吨级的原子弹。显然，半夜吵醒总统是他们生怕这是哪个国家发射的导弹或

其他什么新式秘密武器。后来经专门仪器进一步鉴定才知这原来是一颗原始质量达千吨的陨星引发的。

陨石降落时的速度惊人，具有很强的杀伤力，所以难免有时也会"杀人放火"。除了上述的那些记录外，我国的史料上还有其他一些有关它的"劣迹"。据查它"首开杀戒"是在隋大业十一年（615年），当时有块硕大的陨石落入一个军营中，当场就压死了十几个兵丁，这些正在酣睡中的士兵真是死得不明不白；明弘治三年（1490年）4月4日，史料载，在甘肃庆阳地区发生了一次陨石雨，当场被陨石"击死人以万数"。

1511年，意大利米兰市有一路人走在街上却被不期而来的一块陨石击中头颅当场毙命；1792年一个法国农民也

成为陨石的牺牲品；印度也有两则记录——1825 年及 1827 年，这种自天而降的灾难夺去了两条人命！

1647 年有艘意大利的商船正行驶在太平洋上，一颗并不大的陨石竟使甲板上的两名水手魂归黄泉；1908 年 2 月美国一条三桅货船"埃克里普斯"号被一个大火球以迅雷不及掩耳之势打断了桅杆，击穿了船底，船只很快沉没，只有少数几个人幸存；1930 年希腊的"萨吉塔里乌斯"号货船也同样遭到不测，一块大陨石击沉了它，船员几乎全部罹难。在

第二次世界大战前夕，荷兰的"海洋"号上的许多水手亲眼目睹一块大陨石在离船只几米处落入大海。虽然船只未被击中，但陨石掀起的滔天巨浪差点让船只倾翻，而且令人窒息的气体也笼罩了全船。如果不是一阵大风驱散了这团有毒气体，真是后果难料。

陨石的高温会引发火灾，上述芝加哥事件仅是一例。南北朝时期，有块"大如斗"的陨铁竟不偏不倚地直落一个铁匠的熔铁炉中，溅起的大量铁水烧伤了许多在场者，并使一大片工棚被随之而来的熊熊大火吞噬；明正德七年（1512 年），山东峄县的一次陨石雨不但焚毁了"官舍民房

逾千间"，还使城外的大片树林"遂成焦土"；第二年同样的灾难使得 2 万多百姓"无家可归"。

国外也有一些类似的记录：1889 年非洲的萨凡纳因陨星引发的一次大火灾，让大批难民居无住所，引发了社会的动荡；1966 年 9 月，美国北部地区的密歇根州、印第安纳州及加拿大的安大略州的许多居民同时看见一颗彗星在空中爆裂，化作万千陨石倾盆而下，使那儿发生了一系列的火灾。

不过，我们完全不必为此惊慌不安，毕竟这种"人在家中坐，祸从天上来"的灾难是极为罕见的。有人曾做过计算，其概率比买彩票中大奖的概率还小得多，在每平方千米的土地上，有一颗较大的陨星光顾大约需要 8000 年。也正因为这是小概率事件，所以至今世人也未把它排在"自然灾害"之列。相反，陨星对地球、对人类可谓是"功德无量"，有人还认为，它与彗星一样，可能也是为地球送上原始生命的大功臣，所以偶尔出格调皮一下无伤大雅。在我国陨石都是国家财产，且因为它有重大的科学价值，我们都有保护它的义务。

陨星也能当商品

在商品社会中，陨星已成了从天而降的"馅饼"，而且价值不菲。在国际市场上，最普通的陨石现在的价格都在每克 10 美元左右，而火星陨石则可达几万美元 1 克的骇人天价。

2004 年 6 月，澳大利亚宣布将公开拍卖一块重达 11 千克的罕见陨石，初步定价为 100000 澳元（约合 67 万人民币）。而且规定，如果买主不是澳大利亚人，则他还不能将此陨石带出澳大利亚国境。因为这颗陨石非常珍贵，被视为澳大利亚的国家财产。该陨石是 25 年前由一位不知名的农夫在耕田时发现的，由于其外形奇异，这位农夫便将它上交给澳大利亚国家科学与工业研究组织。专家们在经过实验室研究后确认它是一块在地球上极其罕见的铁类陨石，其主要成分是铁和大量的镍。

科学家们认为这次公开拍卖的陨石"毕耶"来自火星与木星之间的小行星带，是少见的"小行星陨石"。难怪要把它视作"国宝"了。它的一块重 38 克的残片已被送到昆士兰博物馆收藏，剩下的部分被拿出来竞拍。此次拍卖工作的负责人莱克斯·西姆汉泽表示："这无疑是在出售一件既具有科考价值又具有历史文化价值的高贵艺术品。"

除了政府拍卖外，世界上还有专卖这种"馅饼"的商人，那就是美国的罗伯特·哈根。此人生于 1955 年，他有着三重身份，一是加州大学洛杉矶分校的教授（他是靠自学成才的），二是权威的陨石收藏家，三是世界上唯一的陨星商人。在他9岁时，他父亲带他到加拿大旅游，有天在海滩上哈根见到了一颗大流星，那美丽而神秘的光在他脑海中留下了极其深刻的印象，从此他与陨石结下了不解之缘，并开始收集陨石。现在他平均每工作100小时就能找到一颗陨石，加上他常不惜代价到世界各地去收购，终于成了世界上最大的私人陨石收藏家。最初哈根收集陨石只是

出于兴趣，他说："这些小天体能让我足不出户就可在宇宙间漫游，真是妙不可言。"但后来他发现陨石因为稀有而珍贵，也可以卖上个好价钱。在专业的陨石市场上，较贵的陨石价格几乎和黄金一样。如果是含有稀有金属的陨石，那么价格就难以计量了。目前，哈根收藏的陨石按市场价计算已经超过3000万美元，排在世界十大宝藏的第七位。哈根在这行特殊的买卖中既获得了不少天文知识，同时也鼓了腰包。

哈根收集陨石的经历充满惊险、刺激和传奇色彩。为

了寻找从天而降的财富，他的足迹遍及地球上除南极以外的所有大陆。在智利、纳米比亚、澳大利亚、墨西哥和埃及，他都有在旷野中九死一生的经历。只要得知什么地方什么时候将会有流星雨出现，他都会及时赶到那里。除了自己寻找陨石，他还向当地人收购。1992年，哈根在阿根廷以重金收购了一块重达37吨的陨石，那是他一生中看到的最大的陨石。但遗憾的是，当他准备把陨石运出海关时，阿根廷政府以"走私罪"的罪名将他逮捕。他们说，这块罕见的陨石归阿根廷国家所有。后来经过斡旋，虽然哈根被释放了，但那块大陨石却被永远留在了阿根廷。